ヨーグルトの歴史

YOGHURT: A GLOBAL HISTORY

JUNE HERSH
ジューン・ハーシュ【著】
富原まさ江【訳】

原書房

目次

序章　先史時代から愛され続けた食べ物　7

第1章　ヨーグルトの起源　12

ルーツ　12
先人の知恵　19
翻訳者の活躍　21
バグダードの調理法　23

第2章　聖なる食べ物――信仰とヨーグルト　26

旧約聖書　27
イスラーム　28
インドの宗教　30

第3章　微生物の偉大な力　35
ブルガリアヨーグルトの「発見」　36
「不老の薬」　39
第4章　ヨーグルトの市場進出　47
ダノン　47
ファイェとコロンボ　51
ヨープレイ　53
ギリシャヨーグルトブーム　56
「ヨーグルト」の定義　58
第5章　多様なヨーグルト製品　65
ヨーグルトの多様性　72
凍らせて食べるヨーグルト　84
フローズンヨーグルトショップ　87

第6章　ヨーグルトと腸のおいしい関係　92

第7章　世界のヨーグルト事情　101
統計からみたヨーグルト事情　131

第8章　自家製ヨーグルトの作り方　133
種菌を選ぶ　134
温める　135
植菌する　138
培養する　140
冷蔵する　144
種菌にする　147

終　章　ヨーグルト万歳！　149

謝辞　153
訳者あとがき　155
写真ならびに図版への謝辞　159
参考文献　160
レシピ集　174
注　178

［……］は翻訳者による注記である。

序章◉ 先史時代から愛され続けた食べ物

紀元前1万年の昔から愛され続け、現代の食卓にも定着している食べ物はそう多くない。しかも、プレーン「味気ない」の意味あり」や、タート「辛辣な」の意味あり」、サワー「ひねくれた」の意味あり」など、一般的には否定的な意味を持つ語が名前について親しまれている食べ物となれば、さらにその数は限られる。このふたつの条件にぴったり当てはまるのが、世界最古の醱酵食品であるヨーグルトだ。

応用が利くヨーグルトはさまざまな料理に使われることが多く、しかも食材や調味料としてだけではなく、それ自体が料理の一品にもなる。朝食、昼食、夕食と、いつ食べても違和感なく、健康的なおやつや甘美なデザートとしても楽しめる。また、香辛料の効いた料理にも甘い料理にもよく合い、世界各地でさまざまな食べ物や飲料として、ときにはフローズンヨーグルトとして親しまれてきた。家庭でも簡単に作ることができ、毎週のヨーグルト作りを習慣にしている人々もいる。容器に印刷された健康強調表示を見れば、ヨーグルトは栄養学的に優れたスーパーフードから、多くの付加価値がついた機能性食品へと進化していることがわかるだろう。さらに、ヨーグルトは乳糖不耐症［乳糖を消化吸収できず、消化不良などを起こす症状］が起こりにくく、ミルクの豊富な栄養分を世界各地の人々にもたらしているのだ。

ヨーグルトの効用を深く理解するためには、健康面におよぼす性質を知る必要がある。ロバート・ハトキンズの著書『醗酵食品の微生物学と技術 *Microbiology and Technology of Fermented Foods*』（２００６年）にも説明があるように、ヨーグルトなどの醗酵食品は微生物の働きによって原材料が変化することで作られる。ブドウがワインに、大豆がインドネシアのテンペや日本の味噌になるのも、微生物の働きによるものだ。醗酵食品がなぜ体によいかといえば、何十億もの生きた微生物、つまり善玉菌を腸内に取りこむことができるからだ。こうした微生物は宿主［微生物などに寄生される側の生物］によい影響を与えることから、「プロバイオティクス」（ギリシャ語の「生命」が語源）と呼ばれている。ハトキンズも認める通りこの善玉菌は長期間体内に留まることはないが、定期的に摂取することで悪玉菌に対抗したり、ビタミンを生成したり、免疫システムを調整したりすることができる。

新石器時代の人々にとってヨーグルトは生活様式を根底から変えた食べ物であり、世界最古の多くの共同体を築く基礎となった。もちろん当時は醗酵という高度な工程を理解する知識はなかっただろうが、彼らはヨーグルトを食べると気分も体調もよくなることに気づいていた。それを考えれ

インドの伝統的な美しい壺に入った凝乳（ダヒ）。

ば、「ヨーグルト」という言葉が世界の古代宗教書の多くに記載され、信仰の対象になっていたことにも納得がいく。また、考古学者は長年にわたってヨーグルトの痕跡を発見しようと綿密な調査を行ってきたし、古代ギリシャや古代ローマの学者の論考にもこの食べ物に関する記述を見ることができる。

ヨーグルトは中央アジアで急速に広まり、イスラム黄金時代［アッバース朝が成立した750年から1258年のバグダードの戦いまで］には重要な食材となっていた。ヨーグルトを使ったレシピはかなり初期の料理書にも登場する。19世紀後半から20世紀前半にはヨーグルトについて多くの科学的研究がなされ、古代の科学者が遺した先見性のある文書が世界中の研究室で検証、証明された。ヨーグルトの健康効果が注目されるようになると世界中でその話題が取り上げられ、薬代わりにヨーグルトを食べることが大流行する。ヨーグルトは薬ではなくスーパーマーケットの乳製品コーナーの常連になり、乳製品企業はその勢いに乗ってさまざまなヨーグルト商品の開発に取り組んだ。

20世紀後半から21世紀初頭にかけて巨大企業のヨーグルト戦争は熾烈をきわめ、消費者は多くのブランドや種類から商品を選べるようになった。2016年のヨーグルトの世界売上高は770億ドル（約8兆5000億円）に達し、2023年には1000億ドル（約11兆円）を超えると予測されている。大手ヨーグルトメーカーは、現代の消費者が値段に見合うプロバイオティクス商品を求めており、斬新でめずらしいフレーバーや植物由来の代替品、慌ただしいライフスタイルを意識した商品に注目が集まっていることを実感している。こうした商品は、特に急成長している中国や東南アジアの市場で需要が高い。多くの研究が、ヨーグルトは体によい作用をおよぼし、健康的な食生活やライフスタイルを支える代表的な食品だという結果を示している。ヨーグルトを食べる人は食べない人に比べて「一般的に健康で、痩せ型で、高学歴で、社会経済的地位が高い」との研究結果もある。[1] また、ヨーグルトを食べるのは女性が多く、成分表示をしっかり確認し、活動的で、体のことを考えて食べ物を選び、喫煙や飲酒はせず、ファストフードを好まない傾向にあるとのこと。さらに、ヨーグルトを食べる人は健康関連のＱＯＬ（生活の質）やメンタルヘルスの面でも優れている場合が多いという。ヨーグルトの健康効果を科学的に研究した結果、ヨーグルトを食べる人には心血管疾患、２型糖尿病、肥満のリスクが低いという相関関係が認められた。現代の消費者がヨーグルトに求めているのは、たっぷり食べても罪悪感を覚える必要がなく、原料が動物由来のものから栄養価の高い植物由来のものまで選択肢が多く、そしてもちろん無糖ながら甘みを味わえることだ。英国放送協会（ＢＢＣ）は、「地味な存在だったヨーグルトは半世紀の間にヒッピーが好む健康食品から大衆向けのヒット商品となり、機能性食品革命を引き起こして数十億ポンド規模の産業になった」と伝えている。[2] 古代に世界各地で食されていたものが今も人気を保ち、世界中の市場で高成長を遂げている――ヨーグルトはまさに驚異の食べ物だ。

第1章◉ヨーグルトの起源

◉ルーツ

ヨーグルトという機能性食品のルーツを探るには、先史時代の文化的進化と技術発展の最終段階である新石器時代にまでさかのぼる必要がある。ヨーグルト発祥の地と言われるアナトリア（現在のトルコ）では、紀元前1万年から6500年頃に狩猟採集から酪農や家畜の飼育へと社会構造が移行したと考えられている。

ラクダ、ヤク、ウシ、ウマ、リャマ、ヒツジ、ヤギなどはアナトリアではもともと食用動物だったが、人々はその乳から栄養を摂取することを覚えた。こうして新鮮な乳がいつでも好きなだけ手に入るようになったわけだが、ひとつだけ問題があった——彼らは乳糖不耐症だったのだ。だが幸運なことに、偉大な化学者でもあった母なる自然は、最も初期の「原始共生」を発明する。つまり、

ニコラース・ピーテルスゾーン・ベルヘム作「羊の乳搾りをする女」、19世紀、油彩、キャンバス。狩猟採集社会から、飼育した家畜の乳で食料を作る社会へと移行し、やがてヨーグルトが誕生した。

熱と微生物の有機的相乗作用によって乳が消化可能な栄養源に変化したのだ。もう少しくわしく説明しよう。まず、タンパク質、カルシウム、リン、リボフラビン、ビタミンB_6、ビタミンB_{12}、ビタミンD、カリウム、マグネシウムなどがぎっしり詰まった新鮮な乳に、環境中に常在する細菌が混入した。その乳に日光が当たり、熱によって善玉菌が活性化される。善玉菌はパックマンのように乳糖（乳の天然糖分）を消費して乳酸を生成し、乳を醱酵させた。乳タンパク質は分解され変性し、時間が経つにつれて凝固する。この自然の化学実験の結果、生きた善玉菌がたっぷりと含まれ、強い酸味があり、とろりとして濃厚な、まったく新しい食料

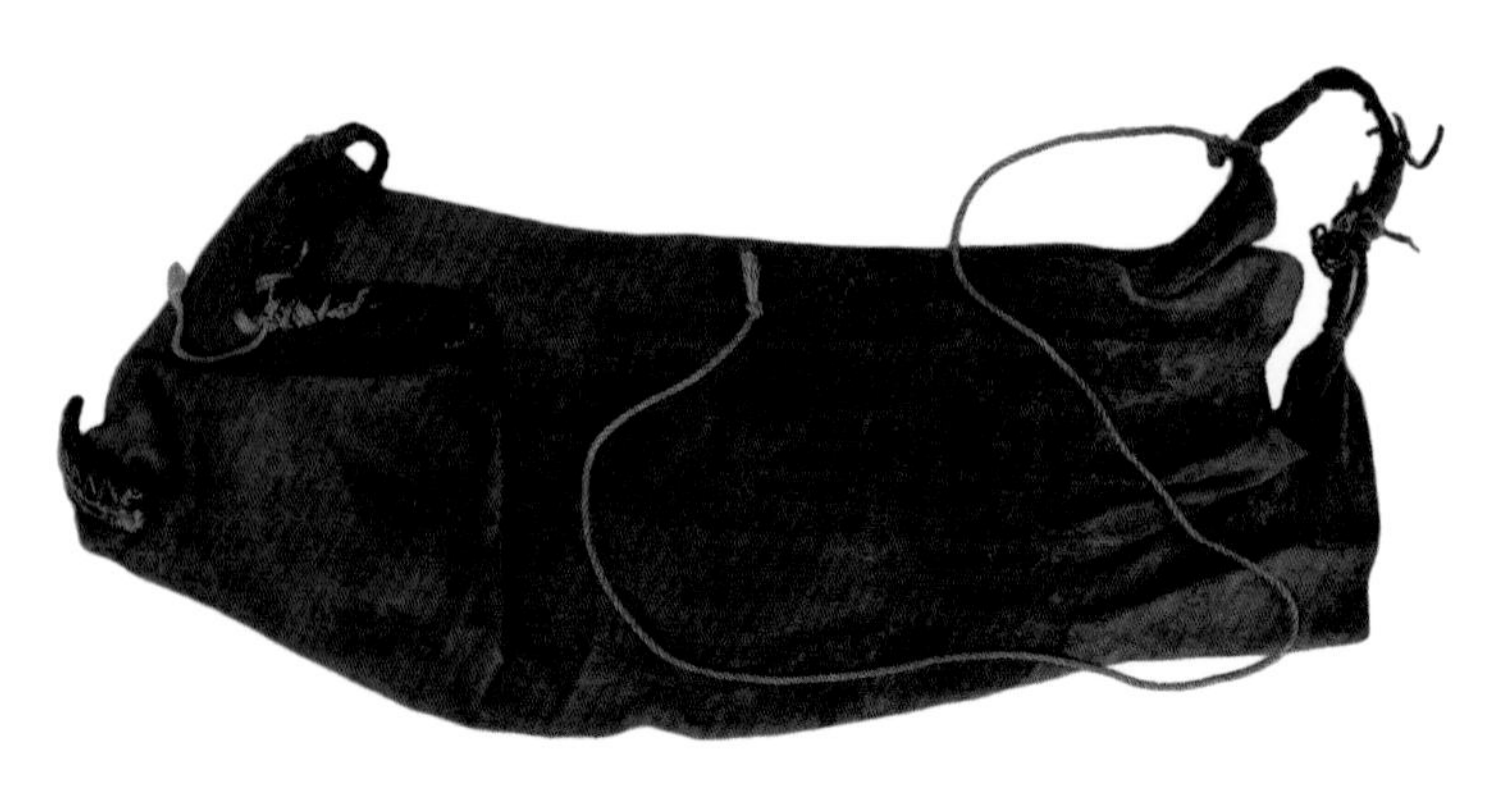

乳原料を運んだり攪拌したりするためのヤギ皮製の袋（キルバまたはスクアと呼ばれる）。オマーンのベドウィンが使用、1970年代。新石器時代の人々もこのような袋を使っていたのかもしれない。

が誕生した。このため、「ヨーグルト」という語はトルコ語で「攪拌する」や「濃厚にする」を意味するyogurmakから派生したと言われている。

では新石器時代の人々は、母なる自然の力を利用したヨーグルト作りをどのように学んだのだろう？　実は、これは学んだというより偶然の産物であり、その経緯にはふたつの説がある。ひとつは搾りたての乳を動物の腸管で作った袋に注いで保存したのがきっかけだとする説で、袋に付着した天然の細菌酵素によって乳の醱酵が進み、ヨーグルトができたというものだ。もうひとつは、古代には新鮮な乳を入れた容器を日光が照りつける場所で保管していたという説。進化遺伝学者のマーク・トーマスによれば、「朝にウシの乳を搾った場合……中近東の気候を考えれば昼には〔乳の〕醱酵が始まり、それがヨーグルトになったと考えられる」[1]。

乳が乳糖をほぼ含まず、日持ちし、栄養価の高い別の食料に変わるという驚くべき発見――これを「人類の歴史を変えた出来事」だと考える学者のなかに、ドイツにあるマインツ大学の進化人類学者ヨアヒム・ブルガーがいる。ブルガーは、EUプロジェクトBEAN（bridging the European and Anatolian Neolithic の略。「ヨーロッパとアナトリアの新石器時代を結ぶ」の意）を立ち上げ、その研究のなかで「乳をチーズやヨーグルトに加工するという発見は酪農の発展に大きく貢献した。……人々は貴重な食料を手に入れたのだ」と述べた。[2]

新石器時代の人々が乳を醗酵させ、調理の高度な技術も身につけていたことを示す具体的な証拠もある。ブリストル大学の考古学研究者ジュリー・ダンは、リビアのサハラ砂漠で発見された81個の古代土器の破片の残留物を調べた結果、「残留物は間違いなく動物性脂肪であることが化学的に確認された」と発表した。[3]それが紀元前5000年頃のウシ、ヤギ、ヒツジの乳を原料とした乳製品であることも特定されている。この発見は新石器時代に容器で乳を保管していたという説を裏づけるものであり、このことから、乳を消化する遺伝子変種を持たなかった当時の人々は、乳をそのまま飲むのではなく、チーズやヨーグルトに加工して食べていたと考えられる。ジャーナリストのアンドリュー・カリーは「考古学――ミルク革命」と題した記事でこの件をさらに深く掘り下げ、ポーランド中部付近で発見された、ヨーロッパ最古の農耕民族が使用していたと見られる土器についてふれている。[4]土器の底には、意図的にあけたと思われる小さい穴が点在していた。イギリスの地球化学者の調査により土器から乳脂肪の痕跡が検出され、このことから当時は乳を醗酵させるのにただ容器に保存しておくだけではなく、凝乳（ぎょうにゅう）［家畜の乳が酸や酵素の作用によって固まったもの］

テラコッタの半球形漉し器。紀元前6世紀のリュディア（現在のトルコの一部）で使用されていた。これでチーズやヨーグルトのような食べ物を作っていたと思われる。

と乳清［凝乳ができた後に残る黄色の液体］を分離する方法を編み出してヨーグルトやチーズを作っていたことが推察された。

この推察を裏づけるものが、イギリスのダーリントン・ウォールズで発見されている。ここはストーンヘンジから北東3キロ足らずの場所に位置する、紀元前2500年頃の新石器時代の大規模な集落跡地だ。イギリスの複数の大学の考古学者から成る共同チームが2015年に調査したところ、この遺跡で発見された陶器からカッテージチーズ、ヨーグルト、凝乳と乳清などの乳製品の残留物が発見された。また、残留物が付着していた陶器の多くが儀式を行う場と考えられる構造物の近くで見つかったことから、こうした乳製品には宗教的な意味もあったと考えられる。この

丸めた乾燥ヨーグルト（カシュク）。ウズベキスタンのタシケント、チョルスー・バザールで。

研究結果をまとめたチームは、ダーリントン・ウォールズの共同体が進んだ技術を持ち、高度に体系化された「調理」を行っていたことに感銘を受けた。[5]

やがて新石器時代の人々は、新たな技術を用いたり既存の手法を応用したりしてヨーグルトの新たな食べ方を編み出す。おそらくこれは世界で最も初期のレシピのひとつと言えるだろう。遊牧生活を送るようになった彼らは、長く保存でき、簡単に持ち運べる食料を必要としていた。そして誕生したのが、当時豊富で身近だったふたつの天然資源――ヨーグルトと、細かく砕いた小麦または大麦――の完璧な組み合わせだった。地域によって「カシュク」または「キシュク」と呼ばれたこの食べ物は、粘りけのある練り粉に似た食べ物だ。これを長期保存するためには、まず塩をふってから小さな穴をいくつもあけた容器に入れて水気を切る。その後数日から2週間ほど寝かせて水分を完全に取り除き、強い日光に当てて1週間ほど乾燥させる。その生地を細かく砕いてボール状にまとめたら完成だ。水と火さえあれば、もとのもっちりした生地にいつでも戻すことができる。

遊牧民は中央アジアを経由してイランからトルコ、バルカン半島からアフガニスタン、そして南はインドやパキスタンへと移動し、その後はヨーロッパにも渡って新しい技術や調理の専門知識を広めていった。カシュク（キシュク）は、ヨルダンでは「ジャミード」、アフガニスタンでは「クルート」、トルコでは「タルハナ」と呼ばれ、この地域に住む多くの人々の食生活に仲間入りを果たす。この古代の食べ物は、東欧のアシュケナージ系ユダヤ人の家庭にも伝わり、調理法によって「カーシャ」または「キシュク」と呼ばれていた。また、10世紀のバグダードの料理書には、二日酔いに効くとして「キシュキヤ」という料理が紹介されている。肉、ヒヨコ豆、野菜などをカシュクと混ぜ合わせたボリュームのある料理で、頭痛と胃痛を和らげる効果があった。

マルコ・ポーロは14世紀、モンゴルを移動中にフビライ・ハンの大軍を見たときのことを日記にこう書いている。「モンゴル人は乳を乾燥させて粉乳のようなものを作り置きし、湯を注いでよくかき混ぜて溶かしてから飲む」。フビライはヨーグルトが日持ちすることを認識しており、「軍隊は胃袋で進軍する」と言ったナポレオンよりも前にそれを実践していたのである。カシュクは現在でも液状にして料理にチーズのような風味を加えたり、粉末にして利用されたりする。粉末状のカシュクは、ほぼ永久に保存可能だ。

◉先人の知恵

新石器時代は偉大なる発見の時代だ。その後人類の思想と生活様式は何世紀にもわたって進化し続けたが、ヨーグルトは変わらず重要な食料であり続けた。紀元前5世紀から4世紀にかけて、ギリシャの学者は軍事戦術から医薬品まで考えうるすべての分野を研究しており、その理論や観察の多くは今もその価値を失っていない。ソーシャルメディアの助けを借りずとも、ヨーグルトは消化と腸の健康という分野において古代思想家の間で重要な位置を占め続けたのだ。「医学の父」ことヒポクラテスや「歴史の父」ヘロドトスもヨーグルトについて言及し、後世に強い影響をおよぼした。ヒポクラテスの生物医学的な理論は現在も受け継がれており、論文「衛生学的措置および食事療法の適用 *Application of Hygienic and Dietary Measures*」ではヨーグルトの利点が記されている。ヘロドトスは一生を通じてペルシャ地域を転々とし、彼の言葉を借りれば「個人的探求」を収集した。彼はヨーグルトに似た性質と成分を持つ食料についてふれ、それをトラキア人から贈られたと述べている。

1世紀に入り、ローマの博物学者大プリニウス（ガイウス・プリニウス・セクンドゥス）は、歴史的に重要な『博物誌』を著した。このなかには医学や薬についての項目もあり、一部の遊牧民は「乳を濃縮してほどよい酸味を持つ物質にする」方法を知っているという記述がある。大プリニウスはアッシリアのヨーグルトを「レベニー」（「生命」の意）と呼び、聖なる食べ物であると同時に、

「不老不死の薬を調合する医師」。ディオスコリデスの『薬物誌』のアラビア語訳からのフォリオ（二つ折り版）。1224年。

ほとんどの病気の治療に不可欠だと考えていた。また、同時代のギリシャの薬理学者ディオスコリデスは有名な本草書『薬物誌 *Materia Medica*』で、ヨーグルトは体内の不純物を浄化し、結核の治療薬になると記している。

2世紀に入ってもヨーグルトの健康効果に関する研究は続き、ギリシャの医師で哲学者でもあるペルガモン出身のガレノスはヒポクラテスの理論をさらに発展させた。彼が特に注目したのは吐き気や胸やけを緩和する飲料だ。これはピリアテ（pyriate）またはオキシガラ（oxygala）と呼ばれるものだと思われる（oxi は「酸」、gala は「乳」の意）。スザンナ・ホフマンの著書『オリーブとケイパー *The Olive and the Caper*』によればこの飲料は「古代ギリシャの時代から存在して」おり、17世紀まで医療行為に影響を与えていたという。[6]

●翻訳者の活躍

古代の「思想の時代」から中世（5～15世紀）の「実践の時代」に移り変わっても、ヨーグルトの地位は揺るがなかった。世界の多くが暗黒時代と呼ばれる混乱期に直面するなか、アラブ世界は目覚めの時を迎えていた。アッバース朝のカリフ［イスラム圏の支配者］たちは高度に発達した都市を建設し、アラブ世界の中心をバグダードに移す一方で、古代の思想家の言葉を大切に伝え続けた。

このイスラムの黄金時代には、古代ギリシャやローマの学術的文献を翻訳することが流行していた。代表的な翻訳者のひとり、フナイン・イブン・イスハークは「イスラム医学の父」と呼ばれる9世紀の医師で科学者だ。彼は翻訳だけでなく、独自の研究についても多数執筆しており、そのなかでラバン（ヨーグルトの一種）についてもふれている。彼は、ラバンが胃を丈夫にし、下痢を治し、食欲を増進させ、血液の熱を調整し、体液を浄化し、血流をよくし、皮膚、唇、粘膜を色鮮やかで健康的にすると説いた。

ほかにもヨーグルトに注目していた人物として、バグダードで支配者たちの主治医を務めたペルシャ人ラーズィーがいる。ラーズィーはガレノスを敬愛すると同時に、仮説の域を出ない彼の理論の多くに批判的だったが、ヨーグルトについての意見は一致していた。ラーズィーはヨーグルトを口当たりのいい栄養源と見なし、乳を摂取すると胃の中で固まって不快感や胃もたれを覚えたり意識を失ったりする人はヨーグルトを食べるとよい、と提案した。腸内の微生物が脳機能に影響をおよぼすという「脳腸相関（のうちょうそうかん）」に最初に着目したのは、ラーズィーだと言えるのかもしれない。

アラブの翻訳者たちだけでなく、11世紀にはふたりのトルコ人、マフムード・カーシュガリーとユースフ・ハース・ハージブが活躍し、世界最古の辞書にヨーグルトの明確な定義を記した。カーシュガリーは『テュルク語集成 *Diwan Lughat al-Turk*』で、ハージブは『幸福の智恵 クタドゥグ・ビリグ』［山田ゆかり訳／明石書店］でヨーグルトについて言及し、トルコの遊牧民にとってヨーグルトがいかに重要かを述べている。こうした書物の影響もあり、ヨーグルトの健康効果はレバント

（アジアの最西端とトルコを合わせた地域）に広まっていった。

◉バグダードの調理法

残念なことに、バグダード料理に特化した料理書は数えるほどしか残っていない。その貴重な資料のなかには10世紀にイブン・サイヤル・アル・ワッラが書いた『料理の書 *Kitāb al-tabīkh*』や、12世紀にムハンマド・イブン・アルハサン・イブン・アルカリムが編纂したものがある。こうした質の高い料理書は10世紀から12世紀にかけて書かれており、権力者たちの宴会のテーブルを飾った料理のレシピも含まれている。現在ではリリア・ザオアリの著書『中世イスラム世界の食卓 *Medieval Cuisine of the Islamic World*』（２００７年）をはじめとする複数の優れた書籍で当時のレシピを見ることができる。たとえばギリシャ（当時のビザンティン帝国）のシチュー「ラバニヤ・ルミーナ」は、きざんだチャードの葉と肉を湯通しし、ヨーグルト約４５０グラムと2分の1ウキーヤ（昔の重さの単位）の米を鍋に加えて調理したものだ。当時はこのまろやかなブイヨンをベースにシチューを作っていた。

マクシム・ロダンソン、A・J・アルベリー、チャールズ・ペリーによる『中世のアラビア料理 *Medieval Arab Cookery*』（２００1年）には、料理の味つけ用のヨーグルトやウリのヨーグルト和えなど、初期のアラビア料理書に見られるさまざまなヨーグルト料理のレシピが紹介されている。

中東のナスと肉のシチューのヨーグルト載せ。

そのひとつを紹介しよう。まずナスの皮をむいて種を取り除き、適当な大きさに切ったものを塩ゆでする。よく火が通ったら鍋から取り出して自然乾燥させ、ペルシャヨーグルト、ニンニク、ニゲラ（タマネギに似た辛味を持つ小さな黒い種）と混ぜ合わせる。オリジナルのレシピによれば「極上の味」になるとのこと。

バグダードを代表する料理には、ナスや肉とヨーグルトを組み合わせたものが多い。そのひとつ、カリフ＝アル・マムーンの妻ブーラーンにちなんだ「ブーラーニエ・バーデンジャーン」は、夫妻の結婚の祝宴のために作られたと言われている。『中世のアラビア料理』に掲載されているレシピでは香辛料のペースト、コリアンダー、ケイヒなどが使われており、ぴりっとした具材と冷たいヨーグルトの絶妙なバランスを楽しむことができる。ヨーグルトの酸味は油で揚げたゴマ風味のナスの味を引き立て、またヒツジの尾の脂で揚げたミートボールの脂肪分をカットする効果もある。ヨーグルトを加えることで、このこってりとした料理を食べても胃もたれしにくくなるというわけだ。くわしいレシピは次の通り。

ナスをゴマ油か新鮮なヒツジの尾の脂で揚げ、皮をむいて大きめの容器に入れる。それをおたまでつぶしてペースト状にする。そこに、塩を振って叩いたニンニクとよく混ぜ合わせたペルシャヨーグルトをかける。次に、赤身のひき肉でミートボールを作り、ヒツジの尾の脂で揚げてナスとヨーグルトの上に載せる。叩いて粉状にしたドライコリアンダーとケイヒを振りかければ最高においしい料理の完成だ。

人類が自然の力を利用して栄養満点で日持ちする食料を作り始めた太古の昔から、豪華な料理がバグダードの食卓を飾った時代まで、ヨーグルトは文化、栄養、医学の分野に深く根を下ろした。この根は、その後何世紀にもわたって伸び続けることになる。

第2章◉聖なる食べ物——信仰とヨーグルト

ユダヤ教、キリスト教、シク教、ジャイナ教、仏教、ヒンドゥー教、イスラーム（イスラム教）など多くの主要な宗教で、ヨーグルトは信仰の象徴となってきた。ヨーグルトに関する記述はインドのアーユルヴェーダ［インド亜大陸の伝統的医療］の書物、聖書、タルムード［ユダヤ教の宗教的典範］、コーラン、仏典などの古代の宗教書に数多く見られ、当時の食文化の影響が宗教書や儀式にまでおよんでいたことがわかる。このような書物が記された多くの地域ではヨーグルトは身近な食べ物であり、その効能についても多くの人が語り伝えてきた。宗教書にヨーグルトの記述が多く見られるのは、当然といえば当然かもしれない。

◉旧約聖書

旧約聖書ではヨーグルトは聖なるものという位置づけで、凝乳（ヨーグルトと酸乳のどちらの意味でも使われる）についての記述が頻繁に登場する。たとえば「創世記」18章8節には、アブラハムの天幕に3人の旅人が現れ、アブラハムは「凝乳、乳、出来立ての子牛の料理などを運び、彼らの前に並べた」と書かれている。当時のペルシャの書物や伝説によれば、アブラハムが多くの子供に恵まれ、長生きできたのはこの凝乳のおかげだということだ。また、「イザヤ書」7章には、インマヌエルが「災いを退け、幸いを選ぶことを知るようになるまで彼は凝乳と蜂蜜を食べ物とする。……この地に残った者は皆、凝乳と蜂蜜を食べる」［15節と22節］とある。「箴言」にも凝乳が登場する。「乳を搾れば凝乳が、鼻をひねれば血が、怒りをかき混ぜれば争いが生まれる」（30章33節）。「士師記」［旧約聖書の「ヨシュア記」と「サムエル記」の間にある歴史書］では凝乳が「貴族の器」に盛られて出されていたこと、「サムエル記上」2章ではダビデや疲労困憊した従者たちにハチミツと凝乳が振る舞われたことが書かれており、凝乳は間違いなくイスラエルの代表的な食料だった。聖書ではイスラエルは「乳と蜜の地」と表現されるが、こうしてみると「ヨーグルトと蜜の地」と言ったほうがいいのではないかと思えてくる。

タルビナには粥のようにねっとりしたものもあれば、この写真のように水気が多くヨーグルトと混ぜたアレッポ式もある。

◉イスラーム

コーランにはヨーグルトや凝乳の記述はないが、スンナ（預言者ムハンマドが示した範例）では、アラビア語で「濃厚なヨーグルト」という意味の「ラバン」（英語では laban）から派生した伝統的な大麦料理のタルビナ（talbina）が好ましい食べ物と記述されている。これは調理された大麦がとろみのあるヨーグルトに似ていることから名づけられたもので、実際にヨーグルトを食材に使うこともあった。タルビナは悲しみを癒やすと言われ、葬儀の後によく振る舞われる。スンナには「タルビナは人の心を落ち着かせ、活力を与え、悲しみや嘆きを和らげる」という一節もある。古代のレシピによれば、スプーン2杯の大麦とカップ1杯の水を混ぜて5分間煮た後、カップ1杯のヨーグルトとハチミツを加えればタルビナの完成だ。

ヨーグルトは今でもラマダーン〔毎年イスラム暦第9月に行われる断食〕明けに出されるイスラムの伝統的な食べ物のひとつであり、ペルシャ語で「調理前に炒める」という意味を持つ祝日用の米料理「ビリヤニ」や、イード・アル＝アドハー（犠牲祭）〔イスラームで定められた宗教的な祝日〕の初日にアフガニスタンで食べられる、平たいパンの詰め物「ボーラーニー」などにも欠かせない存在となっている。

聖書とコーランには共に厳格な食事規定がある。もっとも、聖書を一部拡大解釈したユダヤ教信者の間では乳製品と肉を一緒に食べてはいけないという規定が実践されていたが、コーランを経典とするムスリム（イスラム教徒）の食事には反映されなかった。マーク・カーランスキーの包括的な著書『ミルク進化論――なぜ人は、これほどミルクを愛するのか？』〔高山祥子訳／パンローリング株式会社〕にも「ムスリムはユダヤ人の食生活に影響を受けながらも、乳製品と肉を一緒に食べないという彼らの慣習を取り入れることはなかった」と書かれている。実際、初期のレシピには「ペルシャの乳」――ヨーグルトはよくこう呼ばれていた――に漬けた肉が多く使われていた。

ヨーグルトが宗教におよぼした影響はほかにもある。古代では、もともとブタやラクダの乳からヨーグルトが作られていた可能性が高いと言われている。前述したダーリントン・ウォールズの遺跡でも土器からブタの乳脂肪分が検出されることはめずらしくない。だが、ユダヤ教の食事規定であるカシュルート（ユダヤ教徒が食べてもよい食べ物の総称「コーシャ」に適合する、の意）では、反芻せず蹄が分かれていないブタやラクダを食べることは禁じられている［ラクダは実際には蹄が分かれているが、蹄が毛に覆われてひとつに見えるため規定から外されている］。「ハラール」（イスラームの戒律に従って許された食べ物）の規定でもブタは禁忌の家畜とされ、こうした規定は家畜の肉だけではなく、ヨーグルトを作る際の原乳にも適用されるのだ。

コーシャやハラールの規定を遵守する人々は、ヨーグルトにゼラチンやレンネット［動物の胃で作られる酵素の混合物］が含まれているかどうかも気をつけなければならない。ゼラチンやレンネットには規定に外れる家畜の部位が使われている場合があるからだ。今日では、コーシャやハラールの規定に適合するかどうか、承認マークで見分けられる商品もある。

◉インドの宗教

ヨーグルトは中世インドのタントラ仏教［ヒンドゥー教シバ派の一派であるタントラの影響を受けた密教］の図像や書物にも登場する。その白さは負の要素をすべて排除した清らかさの象徴であり、乳がヨーグルトになるまでの過程は精神の変容を表すとされる。チベット自治区では年に一度、ヨーグルト祭が開催される。約500年の歴史を持ち、現在はショトゥン祭（「ヨーグルトの宴」の意）と呼ばれるこの興味深い祭りは、長期間の修行を終えた僧侶に村人がヨーグルトを施したことが始まりだという。チベット暦6月下旬から7月上旬（太陽暦の8月か9月）に祝われ、この期間はヨー

タンカの開帳式は、チベットのヨーグルト祭（ショトゥン祭）の重要な催しだ。写真は2010年8月、ラサのデプン寺にて。

グルトを食べるだけでなくオペラや伝統舞踊、タンカと呼ばれる巨大仏画の開帳式など、多岐にわたるイベントや展示が開催される。ひと口にヨーグルトといってもいろいろな種類があり、首都ラサにある人気のバーでは飲むタイプのヨーグルトが1日に1000杯以上も売れるということだ。

紀元前1500年頃～500年頃のヴェーダ時代に書かれたインドのアーユルヴェーダの文献には、「神々の食べ物」とも呼ばれる凝乳とハチミツの記述が多く見られる。凝乳とハチミツを混ぜ合わせた「マドゥパルカ」は大切な客をはじめ訪問者に振る舞われることが多く、特別な日に供されていた。サンスクリット語で書かれた文献には「酸っぱいミルク」という言葉が繰り返し登場し、醱酵乳「ダヒ」の記述

パンチャムリタ（Panchamrita）：サンスクリット語でpanchは「5」、amrutは「ネクター（神々が飲む霊酒）」を意味する。つまり、パンチャムリタは5つの聖なる食材を指し、その食材とはミルク、ギー、ハチミツ、砂糖、ヨーグルトだ。

も多い。ダヒは体を冷やす食べ物とされ、現在もヒンドゥー教の礼拝で用いられる5つの供物（くもつ）（パンチャムリタ）のひとつに含まれている。

アーユルヴェーダ医学を実践するヴァサント・ラッド医師は、ヨーグルトはサトヴィック（栄養豊富でバランスを整える）と見なされる唯一の醱酵食品だと指摘する。古文書に基づいた彼の説によれば、春や冬にヨーグルトを食べすぎたり、夜に食べたりすべきではない。ヨーグルトの負の影響が増大するカパ［水のエネルギー］の季節や時間帯に当たるからだ。ラッド医師は言う。「ヨーグルトと相性の悪いレモンやナス科の食べ物、温かい飲み物との組み合わせに注意し、適量を守ること。摂りすぎると血管、消化管、リンパ管などをふさぐ危険性がある」。

シク教徒にとってヨーグルトは埋葬の際に使用する神聖な品であり、特別な存在だ。シク教は16世紀にインドのパンジャブ地方で成立した宗教で、現在世界に2000万人以上の信者を持つ。シク教徒は亡くなると火葬されるが、その前に遺体は水とヨーグルトを混ぜたもので清められ、完全に乾いてから埋葬用の衣類に包まれる。一部には、ヨーグルトの白い色と成分に含まれる滋養が浄化と神聖さをもたらすという見方もある。

ヨーグルトを聖なるものとする宗教がある一方、インドを中心に400~500万人が信仰するジャイナ教ではヨーグルトは禁忌(タブー)の食べ物だ。ジャイナ教のおもな教義のひとつ「どんな生き物であれ殺してはならない」に照らし合わせると、ヨーグルト中に存在する何十億もの生きた微生物を摂取するのは残酷な行為と見なされるからだ。ただし例外もあり、作ったその日に食べるのであれば問題はない。醗酵時間が短ければ、それだけ生きた微生物の数も少ないという理屈だ。

毎年、ヒンドゥー教の太陰暦に基づき、シク教、ジャイナ教、ヒンドゥー教ではディーワーリー、別名「光のフェスティバル」が祝われる。ムンバイ出身の有名シェフ、フロイド・カルドズいわく、ディーワーリーは「感謝祭とアメリカ独立記念日とクリスマスが一緒に来たようなもの」だ[1]。この5日間の祭りで食べるものといえばまずは甘い菓子だが、ヨーグルトも忘れてはならない。「プリバジ」は小麦粉やジャガイモの生地を膨らませて揚げたインドのパンで、サラダとヨーグルトを添えて供される。

ムンバイのレストランで出される伝統的なプリバジ。

はるか昔から信仰されてきた宗教や最古の宗教書に多く登場するヨーグルトは稀有な食べ物であり、飢えたイスラエルの民に神が降らせたというマナのような役割を担っているのかもしれない。

第3章◉微生物の偉大な力

世の中にはまるでおとぎ話のような実話が存在する。フランス国王フランソワ1世とヨーグルトの興味深い出会いもそのひとつだ。16世紀半ば、フランソワ1世は重い腸の病気とうつ病を患ったが、主治医は誰もよい治療法を見つけることができない。そこでフランス大使は同盟国であるオスマン帝国のスレイマン1世に依頼して、健康改善に高い効果があるというヒツジの醱酵乳を作るユダヤ人医師を呼び寄せることにした。医師はヒツジの群れを率いて徒歩で南ヨーロッパからフランスにやってきた（安息日の労働を禁止するユダヤ教の教えにより、他の交通手段は使えなかったのだろう）。フランスに到着した医師が毎日フランソワ1世に醱酵乳を飲ませると、王は数週間で完治したという。だが、医師が連れてきたヒツジは残念ながらパリで風邪をひいてすべて死んでしまった。意外なのは、王がこの「治療」によって驚異的な回復を遂げたにもかかわらず、当時フランスでヨーグルトが普及するまでには至らなかったことだ。

◉ブルガリアヨーグルトの「発見」

３００年後の19世紀末になると、新石器時代の人々が醱酵に利用した微生物の姿が現代的なレンズを通して確認できるようになる。この頃の微生物学者は「すべての病気は腸から始まる」というヒポクラテスの言葉が事実かどうかを突きとめようとしていたのである。微生物と腸について、もう少しくわしく説明しよう。人が摂取したすべての微生物は腸（消化管全体）と相互作用し、マイクロバイオームとして知られるコロニー〔肉眼で見えるまで増殖した細菌群〕を形成する。マイクロバイオームは指紋と同様にひとりひとり異なり、生まれた国や最近旅行した場所、昼食に何を食べたかなどまで特定する手がかりにもなる。マイクロバイオームは総重量約１・５キロで、５０００種以上、１００兆個という驚異的な数の細菌（腸内フローラまたは腸内マイクロバイオータと呼ばれる）が含まれている。

19世紀後半から20世紀前半にかけて、マイクロバイオームはそれまでにも増して注目されるようになった。研究者のなかでも最も著名なのはロシア生まれの生物学者イリヤ・メチニコフ教授だ。彼は微生物が免疫におよぼす影響を研究し、１９０８年にノーベル賞を受賞した。パストゥール研究所の主任研究員を務めたメチニコフは「老化は腸内の有害な細菌が原因」だとする説を唱え、ヨーグルトに含まれる数十億種類の健康な細菌を体内に取り入れることで善玉菌の集団が悪玉菌を抑えて胃腸を整え、それが健康と長寿につながると主張した。さらに、ブルガリアの「酸乳」に含

ノーベル賞受賞者イリヤ・メチニコフ、1913年撮影。

まれる高濃度の乳酸は、腸を健康にする重要な鍵になるのではないかとも述べている。
パストゥール研究所から数千キロ離れた場所でも、同じ考えのもと研究を進めている科学者がいた。ブルガリア出身の微生物学者スタメン・グリゴロフだ。彼はメチニコフと同じように、ブルガリアのヨーグルトに多く含まれる乳酸菌には何か特別な特徴があるに違いないと仮説を立てた。質素な暮らしにもかかわらず、ヨーグルトを主食とするブルガリア人が世界の平均寿命よりはるかに長生きであることに注目したのだ。スイスの研究所で働いていたグリゴロフは故郷から自家製のブルガリアヨーグルトがたっぷり入った伝統的な土鍋「ルカトカ」を持参していた。彼はこのヨーグルトを研究するうち、ブルガリアヨーグルトに含まれる細長い棒状の細菌を発見する。

伝統的なルカトカ。ブルガリアのトロヤンにある伝統工芸・応用美術博物館に展示されている。

彼の母国にちなんで後に「ブルガリア乳酸桿菌」（*Lactobacillus bulgaricus*）」と名づけられたこの細菌は、近年になって「ラクトバチスル・デルブルエッキ亜種ブルガリカス」（*Lactobacillus delbrueckii subsp.bulgaricus*）と改称されたものだ。グリゴロフの研究成果はメチニコフのもとにも届き、彼はヨーグルトが長寿に関係するという自説に確信を持つ。

ブルガリアヨーグルトに関する自説に自信を得たメチニコフは、やがて、画期的なある講演を行うことになる。この講演がヨーグルト史の転機になったと評価するのは、『免疫学——イリヤ・メチニコフは現代医学の流れをどう変えたか *Immunity: How Elie Metchnikoff Changed the Course of Modern Medicine*』の著者ルーバ・ヴィハンスキーだ。

たったひとつの出来事から世界的な食の流行が生まれることはめったにないが、現代のヨーグルト産業は、1904年6月8日にパリで開催されたフランス農業学会の会場で生まれたと言えるだろう。この日、メチニコフは「老年期」と題した講演を行った。

この講演は、酸乳に含まれる善玉菌の重要性をメチニコフが繰り返し強調するものだった。

この微生物は、長寿の国として知られるブルガリアで多く消費される酸乳に含まれています。このことから、ブルガリアの酸乳を食生活に取り入れれば腸内フローラが受ける悪影響を軽減できると考えてよいでしょう。[1]

◉「不老の薬」

老化防止にヨーグルトが効果的だとするメチニコフの理論は一夜にしてセンセーションを巻き起こした。翌朝、フランスの『ル・タン』紙は前日の講演を大きく取り上げ、こう報じた。「老けたくない、長生きしたいと願う美しい女性や聡明な殿方にぴったりの処方箋を紹介しよう。それは、ヨーグルトを食べること！」。ヴィカンスキーによれば、パリの上流階級の人々は行きつけの店に足を運んでこの異国の食べ物を楽しんだり、「5時のヨーグルト」と銘打って販売された持ち帰り用商品を買って帰ったりしたという。ブルガリア乳酸桿菌は薬局でも販売されるようになり、メチ

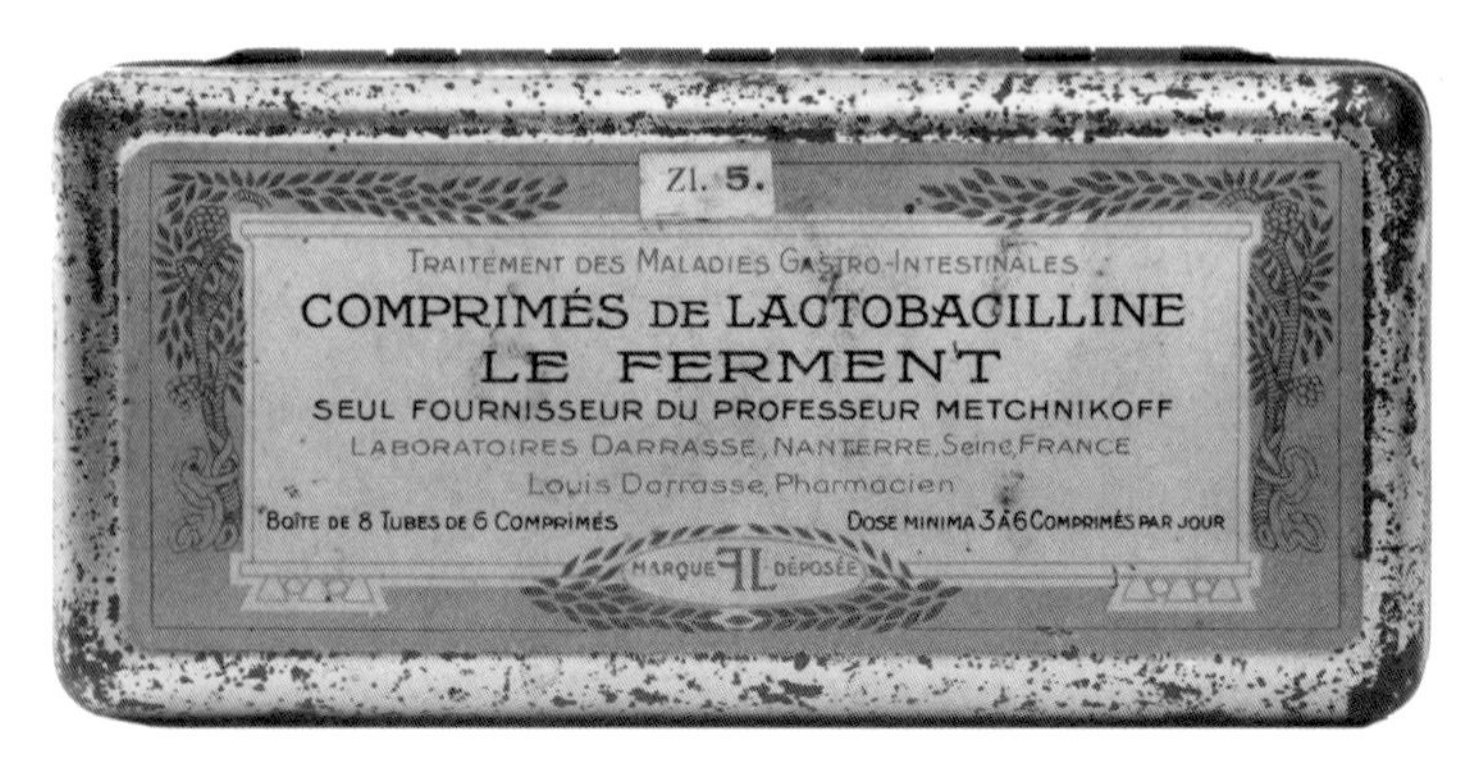

この写真のような乳酸菌剤は、1905年から1910年頃にパリのル・フェルマン社で製造されていた。添付の説明書には「乳酸菌の純粋な培養物」で作られており、メチニコフ教授の指示に従って調製されたと書かれている。

ニコフの奇跡の治療法という宣伝文句で――本人の許可があったりなかったりだったようだが――商品化されるまでになった。

ヨーグルトは、今でいう薬用サプリメントと見なされるようになり、その風潮を受けて医学誌もヨーグルトを取り上げ始める。医学雑誌『ランセット』は「酸乳」を薬代わりに飲む前に医師の判断を仰ぐよう注意をうながし、イギリス医師会雑誌『ブリティッシュ・メディカル・ジャーナル』は次のような見解を述べている。「適量であれば、ヨーグルトを長期的に摂取しても人体に有害な影響が出ることはない。ただし、最大でも1日に1キロ以下にすべきである[2]」。

報道機関の過熱ぶりがヨーグルトの売り上げに大きな影響を与えたのはヨーロッパだけではない。この目新しい驚異的な食べ物に関する記事は世界中の新聞や雑誌に掲載されるようになっていた。1905年の『シカゴ・ジャーナル』紙は、ヨーグルトを次のように紹介している。

スキールヨーグルトを楽しむドイツのジャーナリスト、アニタ・ヨアヒム。1934年撮影。

ブルガリアのレシピを忠実に再現して作られた凝乳は、今では不老の薬とも言われている。……この物質はヨーグルトと呼ばれ……腸内のすべての有害な細菌を死滅させると同時に、メチニコフ教授が信頼を寄せる善玉菌とは最高に相性がよい。見かけは普通のクリームチーズが腐ったような感じで、味も似ている。100歳まで生きたいと願う人々は、朝食にヨーグルトだけをたっぷり食べているという。

世間の関心の高まりを受け、メチニコフは1905年に家庭でヨーグルトを作る方法をくわしく記したパンフレットを発行した。数分間煮立ててから冷ました牛乳に菌を加え、ふたをして暖かい場所で数時間放置する、というものだ。これはもともと紀元前6500年頃に

ヨーグルトと長寿の関連性を主張したとするメチニコフ教授の諷刺画。ヘクトール・モロク画。1908年6月の『シャンテクレア』紙に掲載された。

偶然発見された「レシピ」であり、現在でも通用する作り方である。その後もヨーグルトは数年にわたって注目され続けたが、すべてが肯定的というわけではなかった。FDA（アメリカ食品医薬品局）の初代長官となったアメリカの化学者ハーヴェイ・ワイリー博士など一部の専門家は、「単一の食品を摂取するだけで長生きできる」というメチニコフの説を一笑に付し、酸乳と長寿の因果関係を否定した。アメリカの『メディカル・ニュース』誌も、「メチニコフは大衆を踊らせて楽しんでいるのではないかと疑いたくなる」という記事を掲載している。これに対してメチニコフは、「このテーマに関するいかなる出版物においても、凝乳が寿命を延ばすと述べたことはない」と言って批判をかわそうとした。

一方、ヨーロッパでは当時神秘主義が流行しており、メチニコフはその風潮を受けて後に有名になる『楽観論者の研究 *Études optimistes*』を1908年に発表する（英語圏で出版されたときの題名は『楽観論者による長寿の研究 *The Prolongation of Life: Optimistic Studies*』だ）。社会的、医学的な幅広い見地からさまざまな理論や概念を提唱した本書は、メチニコフの代表作となった。

メチニコフがヨーグルトの効能に着目してからの10年間、ジャーナリストたちはこの現象をどう報道すべきか判断しかねていたのだろう、この流行を揶揄（やゆ）するような記事が多く見られた。カナダの『ウィニペグ・トリビューン』紙は1912年4月、ブルガリアの100歳以上の人口についての記事で「この国の老人の多さときたら、近隣の住人がそろそろ見飽きたとうんざりするほどだ」と書いている。また、1913年の『バンクーバー・デイリー・ワールド』紙には、メチニコフおすすめの菌を摂取すれば「美しさでは娘と、力では息子と肩を並べることができる」という記事が掲載されている。

余談だが、メチニコフのこの発見は当時のロシアの大物たち――レーニン、トルストイ、そしてロシア生まれで後にイスラエルの初代大統領となったハイム・ヴァイツマンの目にも留まっていた。当時、革命家として熱心に活動していたレーニンは、メチニコフと知り合いになると彼を仲間に引き入れようと考えた。彼はヴァイツマンに「私は我々の友人であるイリヤ・メチニコフに会うたびに、ヨーグルトの存在を教えてくれたことに感謝している。ただし人類の社会的課題に取り組もうとしない点は批判した」と語ったという。[3] また、メチニコフと作家トルストイはほぼすべてにおいて反対の考えを持っていたが、ヨーグルトに関しては意見が一致していたという。

メチニコフに深く師事した人物のひとりに、アメリカのジョン・ハーヴェイ・ケロッグ博士がいる。シリアルを朝食として定着させたケロッグは型破りな医療行為を行っていたことで知られており、ミシガン州バトルクリークのサナトリウムではホリスティック療法［患部だけでなく環境から心の問題まで全体を視野に入れて治療を行い、患者の自然治癒力に重きを置く療法］を実践していた。彼はパストゥール研究所のメチニコフを訪ねてヨーグルト培養菌を分けてもらい、治療薬として患者に処方している。口から摂取させる場合もあれば、――いまヨーグルトを食べている読者がいたら失礼――浣腸として使用する場合もあったようだ。彼は著書『自家中毒 *Autointoxication*』（1919年）で「腸内環境を変える必要があると発見したメチニコフに、全世界は感謝すべきだ」と書いている。[4]

ヨーグルトに関係する細菌の特定に熱心に取り組んだ科学者はメチニコフやグリゴロフだけではない。ほかにも多くの著名な微生物学者が細菌の分離、実験、命名などに関わり、そのすべてがヨーグルト製造の発展につながった。そのうちのひとりに、イギリス人医師のジョセフ・リスターがいる。彼は19世紀後半に画期的な消毒薬を生み出したことで有名だが、乳酸菌に着目し、乳を醱酵させて腸内環境を整える働きについて研究していたことはあまり知られていない。彼の研究を基に、デンマークの化学者シグルド・オルラ＝ヤンセンは、10年間にわたる研究の結果を『デンマーク王立科学文学アカデミーの回顧録 *Mémoires de l'Academie Royale des Sciences et des Lettres de Danemark, Copenhague*』として１９１９年に発表し、ここで初めて「サーモフィラス菌」（高温性連鎖球菌）の存在が特定された。後に、オルラ＝ヤンセンはヨーグルトに共生する細菌についても発表している。彼が発見した細菌は、現在アメリカをはじめとする世界のほとんどの市販ヨーグルトで、製造の際に乳酸菌と共に使用されている。

強力なプロバイオティクス細菌である好酸性乳酸桿菌の分離に成功したのは、オーストリアのエルンスト・モローという小児科医だ。また、メチニコフと同じ研究所にいたフランスの小児科医アンリ・ティシエは胃腸の状態が悪い子供を対象に研究を進め、そうした子供は健康な子供と比べて「分岐した特徴的な形の（*bifid*）」菌の数が少ないことを発見する。そして、ヨーグルトの醱酵に使われる善玉菌を摂取すれば子供のマイクロバイオームが回復するのではないかと考えた。ティシエの発見により、健康効果を高めるためにサーモフィラス菌だけでなく、分岐した特徴的な形の菌、すなわちビフィズス菌（*Bifidobacteria*）が頻繁にヨーグルトに加えられるようになった。

古代に生み出した自説が現代科学に影響を与え、後進たちが腸に関する新たな研究に深く取り組んでいるとヒポクラテスが知ったら、さぞ誇りに思ったことだろう。こうしたさまざまな研究を経て、ヨーグルトは健康志向の社会を代表する食品になっていく。

第4章◉ヨーグルトの市場進出

◉ダノン

20世紀初頭になってもヨーグルトの効能に関する研究は世界中で行われ、その結果に世間が敏感に反応する日々が続いていた。オスマン帝国出身の医師アイサーク・カラッソも、メチニコフの影響を受けてヨーグルトの健康効果を実感したひとりだ。1912年、スペイン系ユダヤ人のカラッソは、ギリシャから一族の生まれ故郷であるスペインに渡った。ヨーグルトを愛してやまない彼はバルセロナに小さな工場を建設し、ヨーグルトを製造して国内の薬局に販売しようと決める。工場は7年後の1919年には正式な会社組織となり、ヨーグルトの工業生産という新時代が幕を開けた。カラッソはこの会社を息子のダニエルにちなんでダノン（Danone：カタルーニャ語で「小さなダニエル」の意）と名づける。

1940年代初頭、アメリカのダノン社の広告。このように、ヨーグルトの容器は当初ガラス瓶だった。

前述のルーバ・ヴィカンスキーは著書『免疫学』のなかで、「ヨーグルトの巨人」の出発がいかに質素なものだったかを示すダニエル・カラッソの言葉を引用している。「牛乳を加熱するために錫メッキをしたタンクを用意し、木のへらを使って自分たちでかき混ぜました。……ヨーグルト培養菌は、ピペットを使って1瓶ずつ加えていくのです。この菌はパストゥール研究所から提供されたものでした[1]」。その後、ダニエルはパストゥール研究所で細菌学を学び、1929年、パリでダノンを展開しはじめる。ナチスから逃れるため1941年にアメリカに移住してニューヨークのブロンクスを拠点に据えると、商品名ダノンの綴りをアメリカ風の Dannon に変更して同社のホアン・メッツガーと共にヨーグルトを広く市場に流通させた（現在、フランスに本社を置くこの多国籍企業の名称はDanoneと綴られ、アメリカで販売されている商品はDannonとしている）。

1942年、メッツガーは「肉の代わりにヨーグルトを食べよう」という販売キャンペーンを試みた。当初はこのコンセプトはなかなか浸透しなかったが、1947年のある日、彼はヨーグルト容器の底に果肉を敷いてはどうかと思いつき、第一弾としてイチゴヨーグルトを発売する。これが、健康食品としてだけではなく、朝食、昼食、夕食、さらにはデザートにも適した、甘く見た目も楽しい食べ物という位置づけをヨーグルトが得る最初の一歩となった。そしてメッツガーの強い要望により広告に大金が投入され、ダノンのヨーグルトは時代の先端を行く商品になっていく。1973年には、「年老いてなお健康で元気なグルジア［現在の国名はジョージア］の農民はヨーグルトを食べている」という象徴的な広告キャンペーンを展開した。あるコマーシャル動画にはこんなナレーションが流れる。

ソヴィエトのグルジアの人々には、興味深いふたつの特徴があります。ひとつは、ヨーグルトを毎日大量に食べること。もうひとつは、100歳を超えて元気な人がたくさんいること。ダノンヨーグルトを食べれば長生きできる――とは言いません。ただ、ダノン低脂肪ヨーグルトが栄養豊富な健康自然食品であることは、紛れもない事実です。[2]

1973年、ダノンがアメリカで展開した有名な広告キャンペーンにはヨーグルトを愛するジョージアの高齢者たちが登場する。

製品の改良・開発と普及に取り組み続けたダノンは、ヨーグルトが機能性食品だというコンセプトを打ち出した最初のヨーグルト会社のひとつと言えるかもしれない。1990年代半ばにはプロバイオティクスを豊富に含んだ乳製品「アクティメル」を発売し、たとえばイギリスでは発売後3年でプロバイオティクス市場は300万ポンド（約4億6000万円）から6200万ポンド（約96億5000万円）にまで成長した。その一方で、1992年にはヨーグルトのトッピングとしてスプリンクル［小さな砂糖菓子］の販売にも乗り出している。だがこれは健康によいヨーグルトというコンセプトとは実に対照的な商品で、スプリンクルはヨーグルトの健康効果を損なうという声も聞かれた。その後本社は再びフランスに移り、2005年にペプシが買収に乗り出そうとするが、フランス政府がすぐにこれを阻止し、フランス政府がアメリカの買収からダノンを守ったという印象が世間に浸透することになる。この騒動について『ニューヨーク・タイムズ』紙は、「フランス国民はダノンを『国の象徴』と呼び、ド・ビルパン首相は『フランス経済の宝』と評した」と報じている。現在、ダノン社は世界最大のヨーグルト販売企業であり、世界のほぼすべての市場に進出している。

◉ファイェとコロンボ

カラッソはギリシャを離れてヨーグルト帝国を築いたが、そのギリシャでヨーグルト事業を興して地位を確立した一族もいる。彼らがギリシャで最初に商品化したヨーグルトの名称は、ギリシャ語で「食べる」を意味する「ファイェ」(Fage)だ。1926年、フィリッポウ一族はアテネで店を開き、何度も漉して乳清を取り除くギリシャ式ヨーグルト、ストラギストを作った。ストラギストは酸味の強い濃厚なヨーグルトで、450グラムのヨーグルトを作るのに1・8キロの牛乳を必要とする。フィリッポウ家はギリシャでヨーグルトのトップブランドとしての地位を確立すると、ヨーロッパ市場に進出していく。ファイェ社が大きく飛躍するきっかけをつくったのは、ニューヨークのクイーンズにあるギリシャ食材市場のオーナー、コスタス・マストラスだ。彼はアテネに食材を買いつけに来た際に同社のヨーグルトを試食するとすっかりその味に魅了され、税関の規定違反を覚悟で大量にアメリカに持ち帰る。このヨーグルトは大人気となり、マストラスはニューヨーク中の店にファイェの商品を卸すようになった。こうして、アメリカにギリシャヨーグルトが広まった。

ヨーグルトが新しいブームになると予想したのは、カラッソ一族やフィリッポウ一族だけではない。アルメニア出身のコロンボジアン家は、マサチューセッツ州にヨーグルト作りの豊かな歴史をもたらした。といっても当初ヨーグルトはおまけのようなもので、一家の本業は牛乳製造だった。余った牛乳でマツーン（アルメニア語で「ヨーグルト」の意）をガレージで作ったのが始まりだ。完成したヨーグルトはアメリカ人が発音しやすいように「コロンボ」と名づけられ、一家はアメリカ大恐慌直前の時期に馬車でヨーグルトを売り歩いた。ジョエル・デンカーの著書『皿の上の世界 *The World on a Plate*』（２００３年）によれば、コロンボヨーグルトのおもな購買層は、かつて家庭でヨーグルトを毎日作っていたが今はその時間が取れないと嘆く中東からの移民やギリシャ出身の人々だった。

ダノンと同様、コロンボヨーグルトもやがて甘みのあるタイプが製造されるようになり、１９６０年代半ばにはアメリカ人の好みに近づけてカップの底に果肉を入れたこともある。創業者の息子のひとりであるボブ・コロンボシアンは、これでアメリカの消費者が「一口食べた途端に吐き出す」こともなくなるだろうと期待したと話す。コロンボシアン家は１９７０年代まで会社を所有していたが、その後アメリカの大手食品会社ゼネラル・ミルズに売却した。ガレージで始まった家族経営の会社としては、かなり長い歴史と名声を保ったと言えるだろう。

ヨープレイは新しいヨーグルト容器を開発し、この細長いプラスチック容器は店頭でひときわ目を引いた。

◉ヨープレイ

もう少し新しいヨーグルト会社に、フランスの6つの酪農組合が1965年に設立したヨープレイ社がある。ヨープレイ（Yoplait）という社名は6つの酪農組合のうち「ヨラ（Yola）」と「プレイ（Co-plait）」を組み合わせたもので、ロゴの6枚の葉はこの会社が自然豊かな地方で誕生したことを象徴している。ヨープレイは1981年のアメリカ西海岸を皮切りに、一気に全米に進出した。このおしゃれな新ブランドを取り上げたアメリカの当時の主要な新聞には、「フランスの味をお試しあれ」という商品のキャッチフレーズが踊っていた。ヨープレイはそれまで主流だった225グラム入りの瓶ではなく170グラムのプラスチックカップを採用して他社との差別化を図り、同社の食品科学者は「170グラムは分量的にも輸送の面でも完璧だ」と語った。

生産にあたってはフランスからフリーズドライの活性培養菌が空輸され、ミシガン州で加工された。ヨープレイの菌株［単一の細菌から分裂増殖した菌の集まり］は酸味が少なく、通常よりも甘みがある。だがそれ以上に他社製品と大きく違っていたのは、そのスタイルだ。それまではカップの底に果肉を敷き詰めて濃厚なヨーグルトを注ぐ「サンデー式」が主流だったが、ヨープレイのヨーグルトは果物を全体に混ぜこむ「スイス式」だ。結果として、ヨーグルトはよりクリーミーになり、シフォンパフェのようにふんわりした食感になった。他のブランドもこれに倣い始め、スイス式商品も増えていった。「模倣は最も誠実な賛辞」ということわざがあるが、まさにヨープレイは賛辞の嵐を受けたわけだ。

ヨープレイとダノン両社がカリフォルニアに進出すると、アメリカ中の新聞は「ヨーグルト戦争」という見出しで大きく報じた。カリフォルニア州エンシーノの市場で商品の補充をしていた男性は、ヨーグルトに群がる人々を見た感想を1980年の『ロサンゼルス・タイムズ』紙の取材に応じて語っている。「緊急事態が起きてパニックになるなら理解できるよ。たとえば地震や戦争の脅威にさらされると、みんな慌てて食料を買いだめする。……でもヨーグルトを必死で買い占めるなんて、まったく理解できないね」[3]。

ヨープレイの商品がフランスで定着したのとほぼ同時期、ネスレはスイス式ヨーグルト「スキー」をイギリスで販売し始めた。果肉を混ぜて砂糖で甘みを加えたスキーは、イギリスの市場に旋風を巻き起こす。当時スキーのマーケティング責任者だったスティーブン・ローグによると、この小さな容器に入った食べ物には、「イギリス人がそれまで経験したことのない心地よい口当たり、味、食感があった」[4]。

1972年、スキーは1億5000万個のヨーグルトを売り上げ、42パーセントの市場シェアを獲得する。当時のスキーの製品は、大手食料品店の乳製品コーナーに並ぶ前からハロッズ、フォートナム&メイソン、セルフリッジなどの老舗百貨店で売られていたほど人気があった。だが、やがてその地位はセント・アイヴェル社の「プライズ」やユニリーバ社の「クール・カントリー」などのライバル商品に脅かされることになる。どのブランドも現在イギリスのトップセラー商品というわけではないが、ヨーグルトブランドの先駆者だったことは間違いない。

イギリスで人気を得た次の世代のヨーグルト会社のひとつに、ミューラー社がある。テオバルト・ミューラーがドイツのバイエルン地方の小さな町で興したこの会社は現在民間の企業としては乳製品部門でイギリス最大の規模を誇り、1987年に販売を開始して以来トップの座を維持している。イギリスの市場には斬新な商品が受け入れられやすい土壌があるようだ。1990年代後半にはまずプロバイオティクス飲料のヤクルトが、次いでダノン社のアクティメルが発売され、プロバイオティクスや健康食品に関心のあるイギリス人の間で本物の機能性食品として認識された。

それまでの常識を打ち破った21世紀のヨーグルト、チョバーニ。

◉ギリシャヨーグルトブーム

ヨーグルト界のインフルエンサーといえば、最近ヨーグルト界に新風を吹きこんだトルコ系クルド人のハムディ・ウルカヤを抜きには語れないだろう。彼は２００５年にチョバーニ社を設立し、アメリカでのファイェ社以来のギリシャヨーグルトブームの火つけ役となった。彼の成功の秘訣は、低脂肪でタンパク質豊富なヨーグルトを求める消費者の声を敏感に察知したことだ。ニューヨーク州北部にあるチョバーニ社は5年足らずでギリシャヨーグルト部門での売上高1位を獲得し、２００７年には1パーセントだったギリシャヨーグルト全体の市場シェアを２０１３年には50パーセント以上に拡大した。

太古の昔にヨーグルトを発見した同郷の先人と同じく、ウルカヤの幸運もまさに偶然の産物だった。彼は父親の勧めもありニューヨーク州北部でフェタチーズ［ヒツジやヤギの乳から作るチーズ］の製造工場を経営していたが、ある日近くのヨーグルト工場が売りに出ているという広告を目にする。つまり彼は始めからギリシャヨーグルトを作ろうと考えていたわけではなく、たまたまその機会に出くわして手に入れたのである。故郷のヨーグルト職人の協力を得て菌株の組み合わせを検討した結果、ハムディは個性的なギリシャヨーグルトを開発した。そして食料品店に支払う手数料の代わりにヨーグルトを無料で提供するなど、型にはまらない独創的なビジネスを展開して自社製品を市場に出したのだ。

彼は「チョー・モバイル」と名づけた大型トラックで各地をまわって無料サンプルを配ることで自社製品を広め、またソーシャルメディアを利用して大きな注目を集めることに成功した。ほどなくチョバーニは有名になり、アメリカでの売り上げがファイエを追い抜く。ここにギリシャヨーグルト戦争が本格的に始まり、食料品店の乳製品コーナーの光景は大きく変わった。

チョバーニとファイエはどちらも「ギリシャヨーグルト」という表示の正当性を主張して譲らなかったが、この勝負はファイエ社に分があったようだ。同社はイギリスで「ギリシャヨーグルト」と表示することが許され、正真正銘の本物という印象を与えることができた。一方、チョバーニ社のヨーグルトには「水切り製法」の表示が義務づけられ、加工品というイメージが先行してしまった［イギリスではギリシャ産のヨーグルトのみを「ギリシャヨーグルト」と表示することができ、それ以外のギリシャヨーグルトは「ギリシャ式」や「水切りヨーグルト」として販売される」。ただしアメリカではチョバーニのヨーグルトは引き続き「ギリシャヨーグルト」と表示され続けた。ということは、この勝負の敗者は自国の名を商標登録し損ねたギリシャということになるのかもしれない。

アメリカの市場を見てみると、興味深いことにニューヨークで非常に多くのギリシャヨーグルトが生産されており、その数はギリシャ国内の生産数よりも多い。実際、ニューヨーク州では2014年にアンドリュー・クオモ知事がヨーグルトを州の公式おやつに認定するなど、ヨーグルトは人々の生活に根づいている。一方で同じ年、ソチ冬季オリンピックに出場するアメリカ選手団向けにニューヨークから輸出されたチョバーニ・ヨーグルト5000個の輸入をロシア政府が拒否するという事件が起きた。外交上の悪夢とも言える出来事だった。

●「ヨーグルト」の定義

1万年近い歴史を持つこの食べ物は21世紀に入ってからも安定した売れ行きを見せ、それに伴って需要を満たすための製造施設が必要になった。少量生産や特別製法のブランドは別として、大半のヨーグルトの製造はメチニコフが1905年にパンフレットに記した手法で今も製造されている。100年前のレシピと現在の標準的なレシピを比較してみても、大きな違いはない。レシピに書かれた言語は進化し、施設は高機能になっても、ミルクで作る市販のヨーグルトは基本的に今も昔も同じ手順で作られている。まず用意するのは全乳、低脂肪乳、無脂肪乳（脱脂乳）のいずれかだ（スキムミルクやホエーパウダー［乳清を粉状にしたもの］を加えて乳固形分の割合を増やしたり、クリームを加えて乳脂肪分を増やしたりする場合もある）。製造工程としては、まず加熱殺菌して均質化した原料乳を40～45℃になるまで冷まし、その後乳酸菌を加える。アメリカではヨーグルト製品と認定されるには綴りも発音も難解な2種類の菌、すなわち乳酸球菌のサーモフィラス菌（*Streptococcus thermophilus*）と乳酸桿菌のブルガリア菌（*Lactobacillus bulgaricus*）（以下ＳＴＬＢ）が含まれていなければならない。ピーナッツバターとジャムのように、このふたつの菌には互いを引き立たせる相乗効果がある。

ハードヨーグルト［原料乳に砂糖や果汁、ゼラチンなどを加えて固めたヨーグルト］の場合はこの段階で容器に果肉を入れ、その上にヨーグルトを注いでから醗酵させる。ソフトヨーグルト［固まったヨーグルトを攪拌してなめらかにしたもの］なら果肉を加えるのは工程の最終段階だ。いずれの場合も40℃から46℃の温度で、4時間から7時間かけて醗酵させる。温度が高すぎると乳酸菌が死滅するし、低すぎれば醗酵が進まない。その後、適正なｐＨ値である4・6に達したらヨーグルトの完成だ。他の種類のプロバイオティクス菌を加えて再び殺菌したり、さらなる健康効果を狙って成分を加えたりする製品もある。最後に、製造年月日を容器に記載する。醗酵によりヨーグルトの賞味期限は伸びるとは言え、購入後7日から21日以内に食べたほうがいい。冷蔵タイプの飲むヨーグルトは賞味期限が少し短く、常温ヨーグルトはかなり日持ちする。開封するとどうしても栄養価

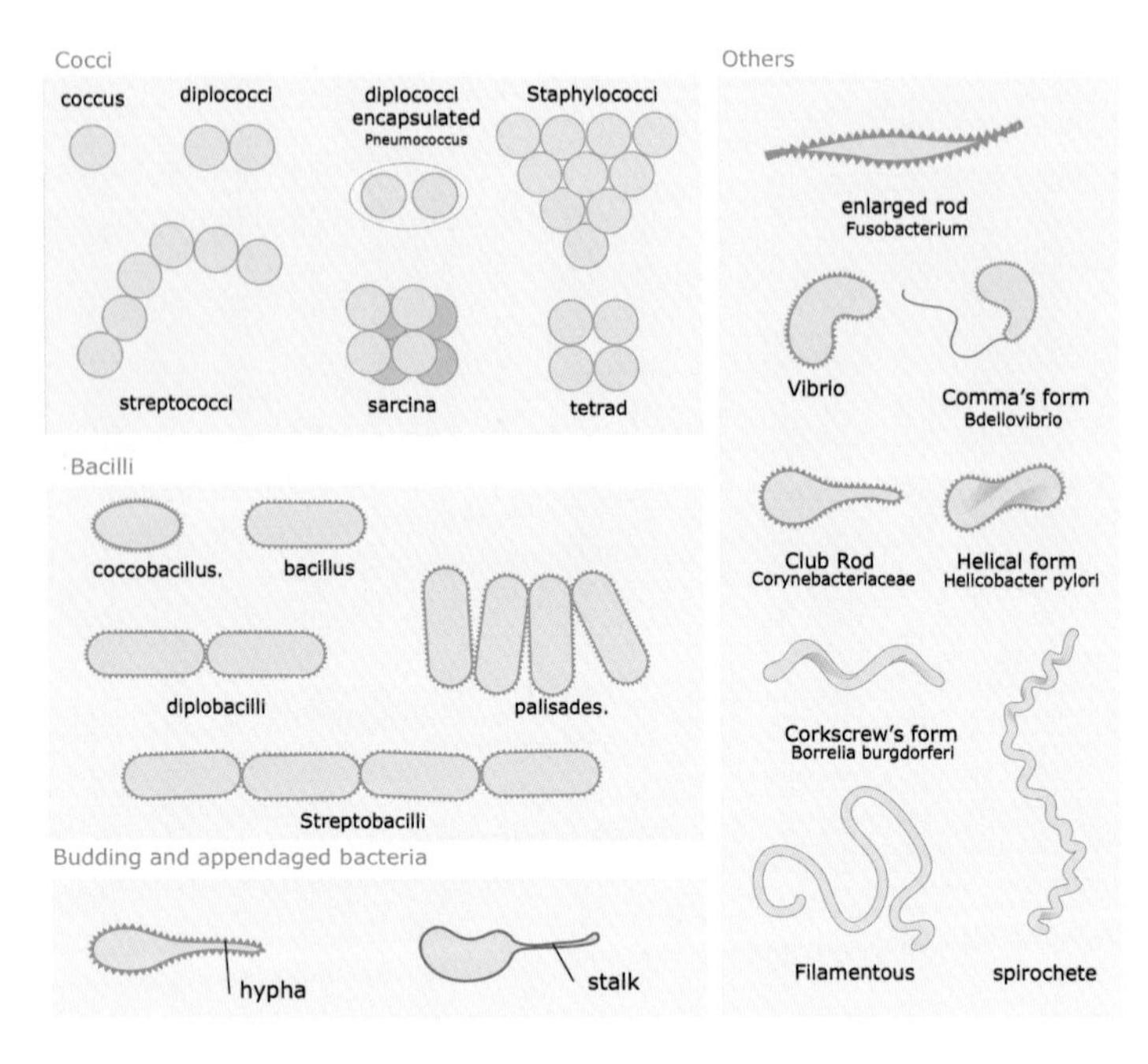

菌の形はさまざまで、ヨーグルトには棒状のブルガリア乳酸桿菌、球状のサーモフィラス菌などが含まれている。

は下がってしまうので、プロバイオティクスの恩恵を最大限に活かすには早めに、そして継続して摂取することが大切だ。

さて、あらゆるヨーグルト製品がこの標準的な工程で製造されているとしたら、それぞれの製品の特徴はどこで生まれるのだろう？　北アメリカにあるダノン社の社外広報本部長マイケル・ニューワースは、「ヨーグルト作りには科学と技（わざ）というふたつの面があります」と説明する。ＳＴＬＢには大量の菌株が含まれており、それぞれが持つ独自の特色によってヨーグルトの味や食感に変化をもたらす。乳製品企業はどこも特徴的な菌株を使い、絶妙なバランスを実現させた独自の製品を生み出そうと努力しているのだ。ヨーグルトには無限の組み合わせがあり、たとえばパリ郊外にあるダノン本社はSTLBの亜種である300種類以上の生きた菌株コレクション、通称「ライブラリー」を保持している。社内の食品科学者は菌株のさまざまな組み合わせを試しながら、それぞれの明確な特徴をバランスよく活かした個性的な製品の開発に取り組んでいるのだ。このようにすべてのヨーグルトは、工程としては同じでも、菌株の組み合わせによって多様な選択肢を生み出し、私たちの舌を楽しませている。

製造の後には必ず調節という作業がある。この場合の調節とは、市販ヨーグルトが遵守すべき規則を満たすことだ。アメリカではFDA（アメリカ食品医薬品局）がその規則を監督し、FDA連邦規則集第21条第1章第B節にヨーグルトの定義や、製品に含まれるべきものと含んではならないものの規定が明示されている。この規定はかなりの長文だが、簡潔にまとめると次のようになる。

1　ヨーグルトには必ずSTLBが含まれていなければならない。

2　種類にかかわらず乳固形分が8・25パーセント以上でなければならない。また全脂肪ヨーグルトは乳脂肪分3・25パーセント以上、低脂肪ヨーグルトは乳脂肪分が2パーセント未満、無脂肪ヨーグルトは乳脂肪分0・5パーセント未満でなければならない。

3　滴定酸度（乳酸）は0・9パーセント以上でなければならない。

4　ビタミン類、甘味料、食品添加物、香味料、着色料、安定剤（ペクチン、ゼラチン、キサンタンガムなど）は加えてよい。表示にはこうしたすべての成分に加えて「均質処理ずみ」や「培養後に加熱処理ずみ」などの文言を加えなければならない。

5　乳酸菌の種類と量を記載しなければならない。

5は一般にコロニー形成単位（CFU）と呼ばれ、この表記は商品に生きた活性菌がどれだけ含まれているかを知る目安になる。アメリカでは国際乳食品協会が発行する「生きた活性培養菌」（LAC）と書かれたシールが採用され、そのシールのある商品には良質な生菌・活性菌が含まれていることが一目でわかる仕組みになっている。シールが貼っていない商品に10^6などの表示がある場合、これは、1グラム当たり1億個のCFUが存在するということだ。プロバイオティクスの含有量を高めるために好酸性乳酸桿菌、ラクトバチルス・カゼイ菌、ビフィズス菌など他の培養菌を加えることもある。このような情報はすべてラベルに細かく書かれているので、ヨーグルトを買うときには老眼鏡を持参したほうがいいかもしれない。

コーデックス委員会は食品の公正な貿易を促進し、食品の規格や安全性に関する国際合意を得るために設立された国際機関だ。世界保健機関（WHO）と国連食糧農業機関（FAO）の下部組織で、アメリカ、イギリス、EUの一部など大半の先進国を含む188か国と1機関が加盟している［2018年5月現在］。もっとも、コーデックスが定める規格は任意であり、これをどう解釈し、規定および施行するかは各国の判断だ。コーデックスが扱う食品のひとつにヨーグルトも含まれており、ヨーグルトの定義を定める一連の規定はコーデックス規格243-2003と呼ばれている。基本的なガイドラインはＦＤＡの規定と同じだが、国によって異なる内容もある。

たとえば、カナダでは連邦規格はなく、全国酪農規定に準拠している。この規定は、ヨーグルトの定義として2種の代表的な乳酸菌ＳＴＬＢを含んでいなければならないという点で基本的にコーデックス規格と同じだが、それ以外の規定はほとんど定められていない。イギリスではＳＴＬＢのうちどちらか一方が使用されていればヨーグルトと認定されるし、日本やフィンランドのようにどの乳製品にもガイドラインや成分の規定を設けていない国もある。

だが、もちろんヨーグルトの本場ブルガリアでは当然ながら独自の「乳製品規定」で定められた厳密な基準があり、それによって次の3つに区別される。まず「酸乳」、つまり伝統的なブルガリアヨーグルトはＳＴＬＢで醱酵させたものでなければならない。ＳＴＬＢと共に乳酸を加えたミルクはヨーグルトと呼ぶことができる。ただし、ＳＴＬＢと乳酸が含まれていても規定の乳酸菌量に達していないものは、ヨーグルトではなく「乳酸製品」になる。

好酸性乳酸菌を含むミルク飲料、ケフィア、クミス（馬乳酒）など水を加えた醱酵飲料の場合、醱酵製品と表示するためには製品の少なくとも40パーセントが醱酵乳でなければならない。ＥＵの主要機関である欧州委員会（ＥＣ）は、消費者の混乱を招くとして2015年に植物性ヨーグルトを「ヨーグルト」と表示することを禁止した。ＦＤＡは現在その問題にどう対処するか検討を重ねている。また、生産者による健康強調表示は国によって扱いが異なり、たとえばアメリカではＦＤＡの規制がかなり厳しい。許可されている表現はほんのわずかで、「ヨーグルトが肥満を抑制する」などの文言も使用不可だ。もっとも、この場合「体重コントロールに役立つ」という表現なら記載できる。

２０１２年、欧州食品安全機関はプロバイオティクスとヨーグルトについては健康強調表示を認めないという決定を下し、科学的裏付けを持つとする企業からの74件の申請を却下した。また、コーデックスには「ヨーグルトの綴りは販売国内で適切に行うこと」という少々変わった追加事項がある。ヨーグルトはイギリスでは yoghurt、アメリカでは「h」がなく yogurt と綴られるのが主流で、さらに yoghourt と表記する国もある。興味深いのは、現代的で一般になじみやすいからと多くの国が「h」を省略する傾向にあるのに対し、伝統主義を重んじる人々が「h」のある綴りを好んで使うことだ。当面の間、ヨーグルトに関する規定は変化し続けることになるだろう。

第5章◉多様なヨーグルト製品

どこの店でも、乳製品や冷凍食品のコーナーには目移りするほど多くのヨーグルト製品が並んでいる。以前は果肉入りヨーグルト、スイス式ヨーグルト、プレーンヨーグルトなどがせいぜいだったが、今や市場は劇的な変化を遂げた。どのヨーグルトを買えばよいのか、乳製品コーナーで途方に暮れたときにはぜひ本章をヒントにしてほしい。

種類に関係なく、最も重要なのは生きた活性乳酸菌入りの商品を選ぶことだ。すべての市販ヨーグルトは食品表示を容器に記載するように義務づけられている。第4章で述べた通り、ヨーグルトの成分はどれもまったく同じではない。プロバイオティクスやビタミンが含まれるものもあれば、不必要な添加物や過剰な砂糖が入っているものもある。市販ヨーグルトの1食分は150グラムが一般的だが［日本では個食タイプのヨーグルトは100グラム程度が多いようだ］、170グラムや225グラム入りの商品もあるので、成分量を比較する際には内容量も確認したほうがいい。

このニューヨークのスーパーマーケットでは、ヨーグルトは他のどの商品より大量に陳列されている。

食品表示は使用した原材料の割合が高い順に記載されるため、動物性ヨーグルトであれば醗酵乳が、植物性ヨーグルトであれば代用乳が先頭に記載されているはずだ。ほとんどのヨーグルトには乳脂肪分の総量（飽和脂肪量と不飽和脂肪量の両方）、コレステロール、ナトリウム、カリウム、総炭水化物、食物繊維、糖類、タンパク質の量が記載されている。また、成分中に何が含まれているかより、何が含まれていないかが重要な場合も多い。人工香料や保存料、追加の充填剤やデンプン、増粘剤、砂糖などの有無も確かめよう。特に欧米では使用する原材料が少ないほど健康によいとするクリーンラベル製品を好む傾向が強まっており、企業側もこの動向を意識して原材料を削減する取り組みを行っている。

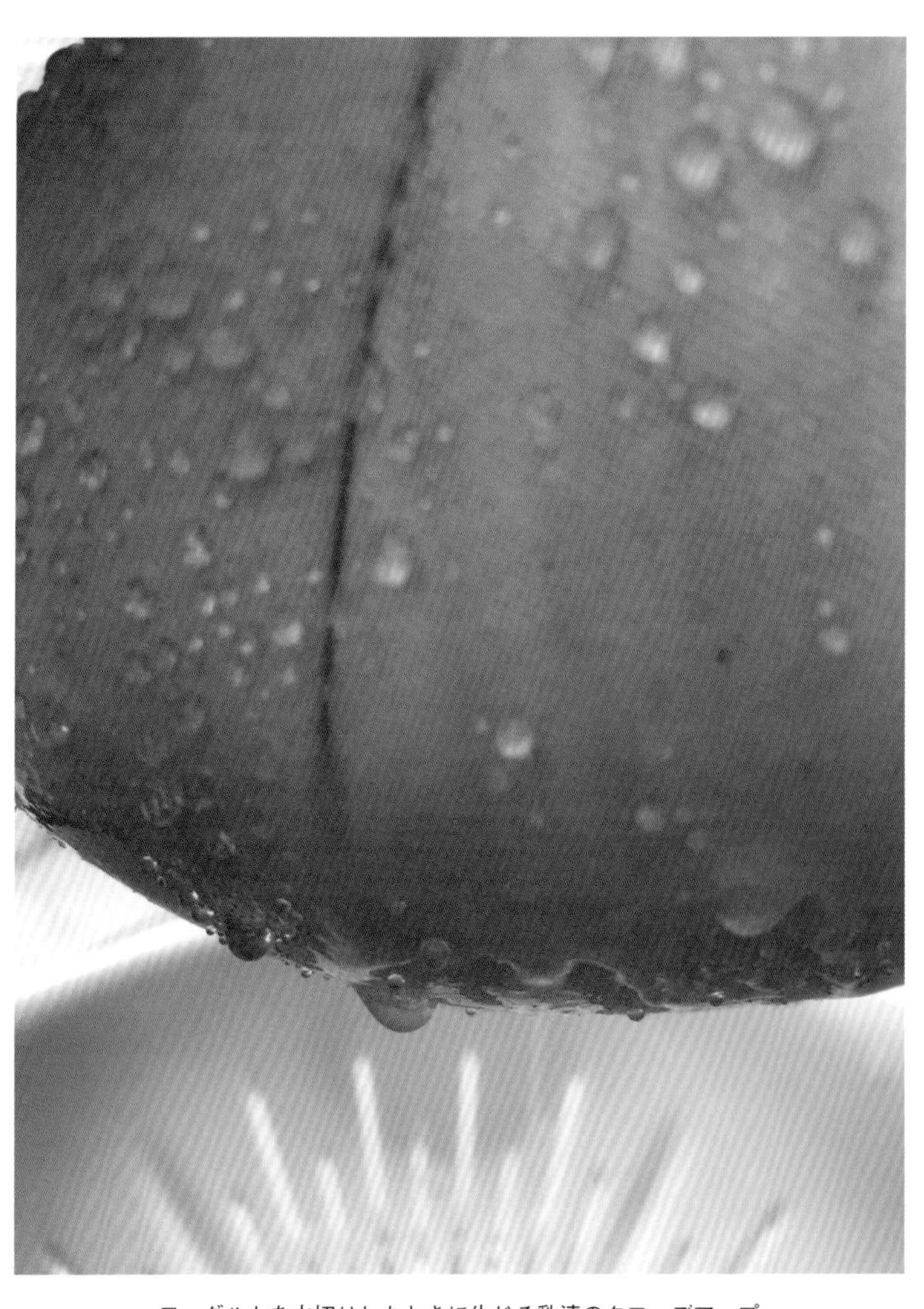

ヨーグルトを水切りしたときに生じる乳清のクローズアップ

ギリシャヨーグルトの登場は実に画期的だった。起源は先史時代でも商品としては「目新しい」この食べ物は自然な酸味と濃厚な食感が特徴で、従来のヨーグルトよりも高い健康効果が得られるとして注目を集めた。人々はこの新しいギリシャヨーグルトに夢中になった。従来のヨーグルト製品と区別するため、ギリシャヨーグルトの製造業者は背が低く幅広の容器を採用し、また食品表示にタンパク質の含有量を示す文言を追加した。ギリシャヨーグルトには1食あたり約17グラム（赤身の肉約55〜85グラム分）のタンパク質が含まれている。通常のヨーグルトのタンパク質は9グラム程度だから、ギリシャヨーグルトはタンパク質の宝庫と言えるだろう。また、乳清（にゅうせい）を除去することで炭水化物が50パーセント削減されるため、同じ容量で比べると、乳糖の含有量が他のヨーグルトよりも大幅に少ない。

塩分の取りすぎが気になる人にも、ギリシャヨーグルトはうってつけだ。乳製品のなかで最も含有量が少なく、通常のヨーグルトと比べるとその量は約半分しかない。さらに、料理においてもさまざまな食材の代用品として応用が利く。風味のよいディップを作る際にはサワークリームの代わりになり、弱火であれば加熱しても固まらないため温かい料理にも利用でき、卵サラダやポテトサラダなどのマヨネーズ代わりに使うこともできる。焼き菓子を作るときには昔から使われている油脂の代わりにもなる。本来ヨーグルトが必要なレシピの場合には、ギリシャヨーグルトを使えばより濃厚な仕上がりになる。

ただし、ギリシャヨーグルトは完全無欠ではない。一般のヨーグルトよりも脂肪分が多く、カリ

アイスランド式のスキールは、ヨーグルトコーナーの多くを占領している。

ウムやカルシウムは少なめだ。なお、ギリシャヨーグルトに似た粘度を出すためにコーンスターチや乳タンパク質濃縮物（ＭＰＣ）などの増粘剤が入った疑似商品もあるので、注意が必要だ。

乳製品コーナーには、ほかにもおいしい醱酵乳製品がずらりと並んでいる。最近、世界各地で販売されるようになったアイスランド式ヨーグルトは、水切り製法を採用し、タンパク質が豊富だ。こうした点はギリシャヨーグルトに近いが、こちらのほうが絹のような仕上がりで、脂肪分が少ない。アイスランド産の「スキール skyr」は、バイキングの時代にさかのぼる北欧の伝統的なヨーグルトだ。バイキングの航海は場合によってはかなり長期におよんだ。必然的に、菌株を操作して脱脂乳を醗酵させ、いかに腐らせずに日持ちさせるかという工夫が生まれた。アメリカではアイスランド式ヨーグルトの売り上げが急増しており、乳製品会社はギリシャヨーグルトのように市場を席巻することを期待している。

ねっとりと濃厚な口当たりのヨーグルトが好きな人には朗報がある。脂肪分たっぷりの(またはクリーム量が通常の3倍の)ヨーグルトを選ぶよう医者から指示された、と主張してもあながち嘘にはならないということが最近わかったのである。2018年、高脂肪乳製品とCVD(心血管疾患)の関係についてアメリカの成人約3000人を対象にした研究が発表され、大きな話題になった。この研究によると、高脂肪製品に含まれる複数の特性が心臓の働きを円滑にし、代謝を高め、肥満を最大8パーセント改善する役割を果たす可能性があるという。[1]

この研究結果を利用し、炭水化物を避けて大量の脂肪を摂取する「ケトン食」を意識した商品に「ピークヨーグルト Peak Yogurt」がある。以前ピークヨーグルトの創業者エヴァン・シムズに会ったとき、彼はケトン食の長所を明快にこう説明した。「ケトン食は今や大きなムーブメントです。……乳脂肪は乳製品の成分のうち最も質が高く、重要な脂溶性栄養成分をすべて含んでいます」。

代表的なアイスランド式ヨーグルトのひとつ「シギーズ siggi's」の創業者、シギ・ヒルマルソンはクリーム量が通常の3倍ある自社製品が大好きで、子供の頃ヨーグルトにクリームをたっぷりかけて食べていたことを今でも覚えていると話す。シギーズのクリーム入りヨーグルト「リョーマ

rjóma（アイスランド語でクリームの意）」は、彼の大切な子供時代の思い出へのオマージュとして作られた商品だ。

オーストラリアのヨーグルトも独自の味と食感を持つ（一般的には濃厚というイメージが強く、脂肪分の多さを売りにしている）。この国の有名なブランドはふたつ、「ヌーサ Noosa」と「ワラビー Wallaby」だ。両製品ともクリーミーな食感が特徴で、アイスランド式ヨーグルトやギリシャヨーグルトほどではないが、普通の製品よりもタンパク質の量が多い。近年ヨーグルトにはダイエット効果があるとも言われているが、かつてこの食べ物が甘い楽しみをもたらす存在だった頃を懐かしんでオーストラリアのヨーグルトを好む人もいる。豊かな風味とまろやかな食感はデザートとしても最適で、市場で急成長を遂げている製品だ。

愛らしいガラス製容器に入ったフランス式ヨーグルトも忘れるわけにはいかない。容器にはチェック柄の布のふたや繊細なリボンなど、目を引く装飾が施されていることが多い。ラベルの文字も、そして商品名ももちろんフランス語で、おしゃれな雰囲気を演出している。多くのフランス式ヨーグルトは瓶の中で直接培養されて販売されるため漉されておらず、一般的に他の製品より糖分が多い。本格的なフランスの味を楽しみたいなら、一度試してみる価値はあるだろう。

水牛乳から作られたヨーグルトは、同じ原材料のブッラータというチーズに似た濃厚さを持つ。

◉ヨーグルトの多様性

ヨーグルトの原材料である家畜乳の種類は地域によってさまざまで、一般的な牛乳のほかにも多くの選択肢がある。アラブの遊牧民族のベドウィン以外は口にする機会が少ないラクダ乳もそのひとつだ。ラクダ乳は鉄分とビタミンCが非常に豊富で、牛乳に比べて飽和脂肪および総脂肪量が少なく、タンパク質を多く含む。もう少し親しめそうなものがよければ、水牛乳で作られたヨーグルトがある。ギリシャヨーグルトに似た濃厚な味で、酸味が少なく、水切りする必要もない。ニューヨーク州にあるイサカ・ミルク（Ithaca Milk）社は水牛ヨーグルトも販売しており、同社製品のなかでも水牛ヨーグルトは「自然派ヨーグルトの決定版」と自負する。同社のウェブサイトによれば、「牛乳よりも高タンパクで飽和脂肪が少なく……水切りしなくても自然にギリシャヨーグルトのようなもっちりした仕上がりになります。……結果として廃棄物ゼロの、100パーセント自然派の濃厚なヨーグルトが誕生しました。ギリシャヨーグルトよりも酸味が少なく、なめらかな食感です」[2]。2013年当時、ミンテル（世界的な市場調査会社）によれば水牛ヨーグルトを製造している会社は2社だけだったが、2017年には11社に増えており、チリ、ルーマニア、トルコが生産量の上位を占めている。現在カナダのケベック州には、イタリアのラツィオ地方を経由して持ちこまれた水牛の群れが生息している。その乳から作るおいしいヨーグルトは水牛のモッツァレラチーズと同じく、濃厚で豊かな風味と食感が特徴だ。インドやアジアの一部ではすでに牛乳の代わりにこの水牛乳を使ったヨーグルトが普及しており、地域によっては最も人気のある商品のひとつとなっている。

「いや、水牛ヨーグルトは苦手」というならヤギ乳のヨーグルトはどうだろう？　ヤギ乳には特有のレモンのようなぴりっとした風味があり、消化しやすく、乳アレルギーの人々の間でも親しまれている。ヤギ乳は低脂肪で、カルシウム、カリウム、マグネシウムが豊富に含まれている。また、ビタミンAの含有量が特に高く、健康に欠かせない短・中鎖脂肪酸の量も多い。ヤギ乳に含まれるタンパク質は牛乳のタンパク質より消化されやすいが、ヤギ乳は粘り気があまりないため粘度を高めるための添加物が必要になる。

バターのような濃厚な味わいが好みなら、健康によいとされる善玉脂肪の量が牛乳よりも多い羊（よう）

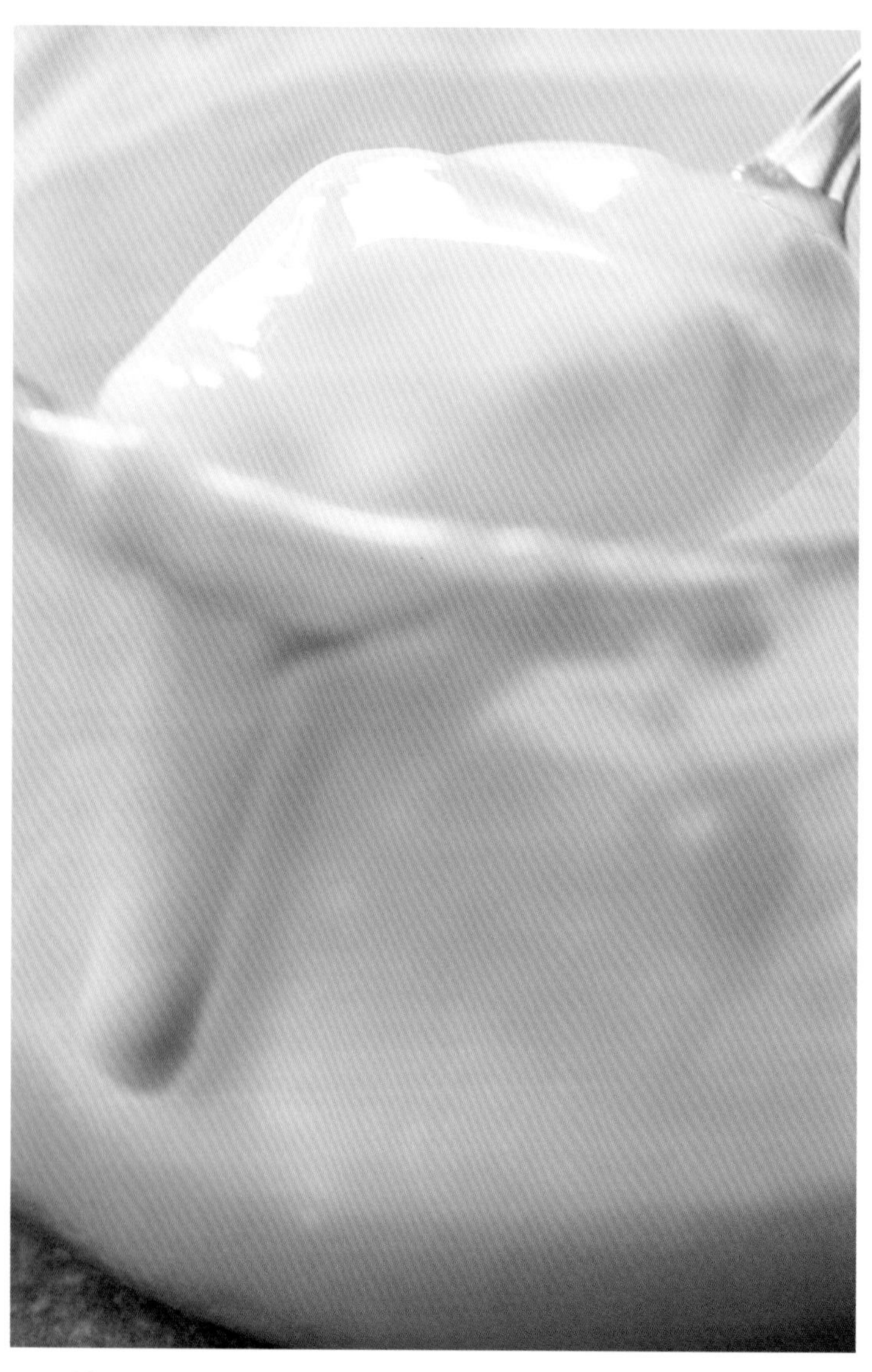

ヤギ乳のヨーグルトは独特のピリッとした酸味があり、牛乳よりやや粘り気がある。

テネシー州のブラックベリー・ファームではヒツジが放牧されている。その羊乳で作る甘いヨーグルトは、この農場の名物だ。

乳製品がいいかもしれない。羊乳には牛乳やヤギ乳よりもＣＬＡ——共役リノール酸。肥満改善効果や抗がん作用があるとされる——が多く含まれており、カルシウム、鉄、ビタミンB_{12}の含有量も牛乳より高い。また、ヤギ乳に比べて葉酸や鉄分が多く含まれている。オールド・チャタム社やベルウェザー社などヤギ乳はアメリカ国内では一般的だが、オーストラリアのペコラ社やイギリスのウッドランズ社のように牧場で羊乳製品を専門に少量生産し、地元中心に販売しているブランドもある。牛乳に代わってヤギ乳や羊乳を原材料にした製品で世界の売り上げをリードしているのはフランスだ。ネスレ社とフランスのラクタリス社は、共同開発した羊乳ヨーグルト「ルー・ペラック Lou Pérac」がフランスの消費者に歓迎されることを期待している。現在ヒツジが飼育されている地域では、きっと地元産の羊乳ヨーグルトが販売されているはずだ。

この業界の新しいスターといえば、植物由来のヨーグルトだ。年率55パーセントで成長しており、今後10年間で売上高は120億ドル（約1兆3000億円）を超えると予想されている。2020年2月に配信されたダウ・ジョーンズ社の「マーケット・ウォッチ」では、ヨーグルト市場においてこの分野は2025年までに13パーセントという驚異的なCAGR（年平均成長率）を達成するだろうとの予測が発表された。多くの消費者、特にミレニアル世代［1980年代序盤から1990年代中盤までに生まれた世代］はヴィーガン（動物性食品を食べない人）、フレキシタリアン（ときには肉や魚も食べる柔軟なベジタリアン）、レシタリアン（フレキシタリアンに似た食のスタイルを持ち、「少ないほうが豊か」をモットーとする）の食生活に移行している。ミレニアル世代には購入する商品に明確なポリシーがあり、特に外で働く多くの「ミレニアル・マム」と呼ばれる母親たちは、手早く調理できて栄養価が高く、健康的な食品を子供に食べさせたいと考えている。似た傾向はシニア層でも見られ、プロバイオティクス効果や骨密度を高める効果があり、低カロリーの乳成分不使用食品を好むようだ。このように異なる世代がひとつの購買層を形成して同じ乳製品を好むことにより、ヨーグルト市場は変化を遂げてきた。

植物性ヨーグルトや乳成分不使用のヨーグルトの特徴はその名が示す通り——つまり、家畜乳ではなく植物、ナッツ、豆類、種子、穀物を原材料とし、各素材に含まれるすべての栄養素がひとつのヨーグルトの中に詰まっている。植物性ヨーグルトの原料として最初に登場したのは大豆だが、豆乳ヨーグルトが受け入れられたのには理由がある。大豆は特に炭水化物の消化に優れており、食後の血糖値の上昇を抑えることができるのだ。また、9種類の必須アミノ酸をすべて含むほぼ完全なタンパク質の塊なので、普段乳製品を食べない人にもおすすめだ。大豆には、悪玉コレステロールである低密度リポタンパク質（ＬＤＬ）を減らし、善玉コレステロールである高密度リポタンパク質（ＨＤＬ）を増やす働きがあることがわかっている。その反面、大豆は体内で女性ホルモンのエストロゲンに似た作用をおよぼすため、エストロゲンと乳がん発生の関連性を懸念する人々の間では議論の的となっている。この問題はまだ結論に達しておらず、現在もこの関連性を解明すべく大量の研究が行われている。

豆乳ヨーグルトに代わり、最近人気があるのはアーモンドミルク、ココナッツミルク、カシューナッツミルクなどのナッツミルク製ヨーグルトだ。ナッツ系ヨーグルトはナッツをすりつぶして水と混ぜ、ヨーグルト種菌を加えて醱酵させて作るため、ナッツ本来が持つ栄養をそのまま取り入れることができる。現在植物性ヨーグルトの売り上げの半分を占めるアーモンドミルクヨーグルトは、食物繊維の量が群を抜いて多い。食物繊維はプロバイオティクスのエサ（プレバイオティクス）となるので、これはかなり魅力的な要素だ。アーモンドミルクヨーグルトには健康な心臓の働きを促進する脂肪分、腹持ちが良くなるタンパク質、ビタミンＥ、マンガン、マグネシウムに加え、少量のビタミンB_{12}とリンが含まれている。このような栄養素を併せ持つアーモンドミルクヨーグルト

乳製品不使用のおやつ：アーモンドミルクで作ったヨーグルトにココナッツ、クルミ、ハチミツのトッピング。

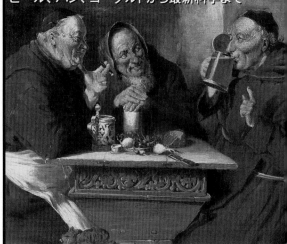

世界でいちばん美しい皿の図鑑

DISH{813}

Colorful, Wonderful Dinner Plates

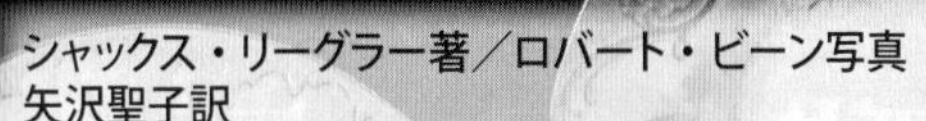

マイセン、セーブル、ウェッジウッド、ノリタケ――19、20世紀を代表する世界の有名窯の歴史や、813 枚の図柄全てをこの 1 冊に！ 現代の人気図柄 100 を収録した付録や索引も充実したレファレンスの決定版！

B4変形判・5800 円（税別）ISBN978-4-562-05942-3

歴史と伝説をたたえた美の結晶

スミソニアン宝石コレクション 世界の宝石文化史図鑑

ジェフリー・エドワード・ポスト／甲斐理恵子訳

世界最高峰とされるスミソニアン博物館宝石コレクションから、歴史的にも貴重な選りすぐりの宝石の数々を美しいヴィジュアルとともに紹介。宝石にまつわるストーリー――由緒や伝説もきっちりおさえた贅沢な一冊。**重版出来！**

A5判・3500 円（税別）ISBN978-4-562-05844-0

国王の死、フィリップ殿下との出会い、ロイヤルウェディング、王室の未来まで

フォト・ストーリー エリザベス二世

女王陛下と英国王室の歴史

ロッド・グリーン／龍和子訳

王室のロマンス、政界実力者との確執、20 世紀後半を彩る歴史的事件の影で女王陛下はいかにして激動の時代を駆け抜け、家族や国民の愛を勝ち取ってきたのか。王室文書館所蔵の写真や資料で見るエリザベス二世と英国王室の歩み。

A5判・3800 円（税別）ISBN978-4-562-05917-1

ほのぼの美味しい
ミステリはいかが？

ミシェルは親友エリカの疑いをはらせるか!?

（チョコ職人と書店主の事件簿②）

トリュフチョコと盗まれた壺

キャシー・アーロン／肱岡千泰訳

店でお披露目パーティを行った貴重なマヤ文明の遺産が盗まれた。しかも犯人だと疑われてしまったのは最後に展示品を見たエリカで!?

ISBN978-4-562-06118-1

文庫判・1100円（税別）

『マハーバーラタ』ほか豊かなヒンドゥーの神話世界

［ヴィジュアル版］インド神話物語百科

マーティン・J・ドハティ／井上廣美訳

象の頭のガネーシャから凶暴な青い女神カーリまで、魅力的な神々を紹介し、インドの宗教の展、主要な経典や詩・神話・物語をわかりやす説明。多数の図版・写真により、ヒンドゥー世とインド神話の歴史を解説する。

A5判・3200円（税別）ISBN978-4-562-0591

世界規模でパニックを引き起こしたCOVID-19ほか、人類とパンデミックとの闘い

［ヴィジュアル版］感染症の歴史

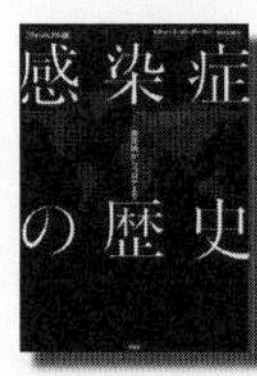

黒死病からコロナまで

リチャード・ガンダーマン／野口正雄訳

新型コロナウイルスによるパンデミックの発生は、グローバリゼーシン時代の人類が新しい病気に対して脆弱であることを示した。本は伝染病の世界的流行がどのように始まり、拡大し、社会がどのよに対処してきたかを簡潔明瞭に説明する。図版約150点を収録。

A5判・3600円（税別）ISBN978-4-562-0591

第一線にいた軍事情報分析官による「現在」

データで知る 現代の軍事情勢

岩池正幸

中国軍は東アジアで何を狙い、何を重視していのか。米軍は軍事優勢を保てるのか、自衛隊のち位置は？　数値にもとづく緻密な解析によっ世界の安保環境、軍事力、戦力展開が浮かびがる。

四六判・2400円（税別）ISBN978-4-562-0584

江戸時代の日英のつながりを示す数々の図版

図説 日英関係史 1600〜1868

横浜開港資料館編

鎖国下にも脈々と続いていた日本とイギリスのつながり。300 点余りの地図、手紙、古写真など貴重な史料、図版と詳細な年表により、江戸初期からアヘン戦争を経て明治維新にいたるまでの両国関係の歩みを読み解く。

B 5 判・2500 円（税別）ISBN978-4-562-05941-6

図版も交えてわかりやすく紹介した最新総合史

スコットランド通史

政治・社会・文化

木村正俊

日本におけるスコットランド文化史研究の第一線専門家が、最新の知見をもとに新たに提示する通史。有史以来さまざまな圧力にさらされながらも独自の社会・文化を生みだし、世界に影響を与えてきた北国の流れを総覧した決定版。

A 5 判・3200 円（税別）ISBN978-4-562-05843-3

騎士道の黄金時代、誇り高き戦士たちの世界

[ヴィジュアル版] 中世の騎士

武器と甲冑・騎士道・戦闘技術

フィリス・ジェスティス／大間知 知子訳

騎士道は今日までヨーロッパ文化の一部であり、高貴な行動の象徴である。彼らの戦闘技術、武器や鎧、行動規範など、人々の想像力をかきたててきた騎士の世界を、中世史の専門家が 200 点以上の図版とともに丁寧にガイドする。

A 5 判・4500 円（税別）ISBN978-4-562-05919-5

世界史の立役者「交易」世界の文明をはぐくみ、交流がはじまり、新たな文化が生まれる

[ヴィジュアル版] 地図でたどる世界交易史

フィリップ・パーカー／花田知恵訳

時代を表す地図とともに新石器時代から 8000 年にわたる長いスパンでたどる「通史」。黒曜石の「交換」から黄金交易、茶、スパイス、そして「情報」にいたるまでフルカラーでわかりやすく紹介。

A 5 判・3800 円（税別）ISBN978-4-562-05847-1

郵便はがき

料金受取人払郵便

新宿局承認

4399

差出有効期限
2022年9月
30日まで

切手をはら
ずにお出し
下さい

160-8791

343

(受取人)
東京都新宿区
新宿一-二五-一三

原書房

読者係 行

1608791343 7

図書注文書 (当社刊行物のご注文にご利用下さい)

書名	本体価格	申込数
		部
		部
		部

お名前　　注文日　　年　　月　　日

ご連絡先電話番号　□自　宅　（　　　）
(必ずご記入ください)　□勤務先　（　　　）

ご指定書店(地区　　　)　(お買つけの書店名をご記入下さい)　帳

書店名　　書店（　　　店）　合

5945

「食」の図書館 ヨーグルトの歴史

愛読者カード ジューン・ハーシュ 著

＊より良い出版の参考のために、以下のアンケートにご協力をお願いします。＊但し、今後あなたの個人情報(住所・氏名・電話・メールなど)を使って、原書房のご案内などを送って欲しくないという方は、右の□に×印を付けてください。 □

フリガナ
お名前 男・女 (歳)

ご住所 〒 -

市 町
郡 村
TEL ( )
e-mail @

ご職業 1会社員 2自営業 3公務員 4教育関係
5学生 6主婦 7その他( )

お買い求めのポイント
1テーマに興味があった 2内容がおもしろそうだった
3タイトル 4表紙デザイン 5著者 6帯の文句
7広告を見て(新聞名・雑誌名)
8書評を読んで(新聞名・雑誌名)
9その他( )

お好きな本のジャンル
1ミステリー・エンターテインメント
2その他の小説・エッセイ 3ノンフィクション
4人文・歴史 その他(5天声人語 6軍事 7)

ご購読新聞雑誌

本書への感想、また読んでみたい作家、テーマなどございましたらお聞かせください。

王たちは何を食していたのか。知られざる食文化の歴史

図説 英国王室の食卓史

スーザン・グルーム／矢沢聖子訳

リチャード２世からエリザベス２世まで、歴代国王の食卓を通し、貴重図版とともにたどる食文化の変遷。想像を絶する極上料理や大量の食材調達、毒見、マナー・厨房の発展など。序文＝ヘストン・ブルメンタール（イギリス三ツ星店シェフ）

Ａ５判・3800 円（税別）ISBN978-4-562-0588

変わり者、短気、情熱的……なぜそのように言われるのか

赤毛の文化史

マグダラのマリア、赤毛のアンからカンバーバッチま

ジャッキー・コリス・ハーヴィー／北田絵里子

『赤毛のアン』や「赤毛連盟」でみられるように、赤毛はんなる髪の毛の色以上の意味を与えられてきた。時代、域、性別によっても変化し、赤毛をもつ人々の実生活に影響を及ぼしてきたイメージを解き明かす。カラー口絵付

四六判・2700 円（税別）ISBN978-4-562-0587

見えない世界の驚愕の名所

図説 世界地下名所百科

イスタンブールの沈没宮殿、メキシコの麻薬密輸トンネルから首都圏外郭放水路ま

クリス・フィッチ／上京恵訳

カッパドキアの人々が戦乱をさけてつくりあげたトンネ都市、メキシコとアメリカの間にある麻薬密輸のトンネ「地下神殿」こと首都圏外郭放水路など、世界中の地の魅力的な名所のなりたちを、写真、地図を添え解説

Ａ５判・3200 円（税別）ISBN978-4-562-0590

疫病が人々の価値観を覆す！

ヴィクトリア朝 病が変えた美と歴史

肺結核がもたらした美、文学、ファッション

キャロリン・Ａ・デイ／桐谷知未訳

19 世紀に大流行した疫病――肺結核はいかに都合よく釈され、ファッションや美の観念まで変えたのか。詩人キツやブロンテ姉妹など若者を襲った病の歴史とファッシンとの深い関係、美と健康の矛盾を図版とともに解説。

Ａ５判・3200 円（税別）ISBN978-4-562-0590

人気の植物性ヨーグルトのひとつ、ココナッツミルクヨーグルト。この写真ではくり抜いたココナッツの殻に盛り、ザクロやバナナチップ、チアシードをトッピングしている。

は、コレステロールや血圧、肥満の問題を改善したい人にぴったりの選択肢だ。

カシューナッツミルクヨーグルトは栄養素の数ではアーモンドミルクヨーグルトに劣るものの、脳の働きを高めるとされる鉄分と亜鉛が豊富に含まれている。独特の甘さが特徴のココナッツミルクヨーグルトは植物性ヨーグルトのなかでも需要が急増しており、2015年は対前年比で40パーセント増、2016年はやや落ちたものの、それでも20パーセント増だ。このヨーグルトはココナッツの白い果肉を圧搾し、水と混ぜ合わせて作る。ココナッツミルクの豊富な脂質は健康的な中鎖脂肪酸であり、善玉のHDLコレステロールを増やして悪玉のLDLを減らし、痩身効果をもたらすとして一時期ブームになった。難点は、善玉脂肪は豊富だがタンパク質が乏しいことだ。

植物性ヨーグルトの課題は、まずは味、食感、栄養価だが、これらの課題を改善するために使用される添加物も問題だ。ラヴァ社が販売する乳成分不使用ヨーグルトの最高マーケティング責任者ニッキ・ブリッグスは、オンライン食品情報サイト「フード・ナビゲーター」でこうコメントしている。「基本的に、植物由来の原材料を使用した製品は大量の砂糖、増粘剤、安定剤を加えて食べやすくしています」[3]。当然ながらラヴァ社は、これは自社製品に限った話ではなく一般的な製法だと念を押している。多くの植物性ヨーグルトにはもともと含有量の少ないカルシウムやビタミンDが添加されているが、団体「栄養と食事のアカデミー」のスポークスマンは、バイオアベイラビリティ（実際に吸収されるカルシウムの量）は牛乳にはおよばないと指摘する。

さらに、植物性ヨーグルトは砂糖というハードルを越えなければならない。実際、砂糖はほとんどの製品に使用されている。加えて、たとえリュウゼツランから採れるシロップやハチミツなど「天然」と表示される糖であっても、自然界に存在する糖と同じように代謝されるわけではない。栄養学者のレイチェル・ファインは、人工甘味料はもちろん、ステビアのような天然由来の甘味料も避けるように注意をうながし、古くから使用されてきた天然産物の使用を勧めている。「人工甘味料と違い、サトウキビを原料とした自然食品には長い歴史があります」

もうひとつ重要なことは、多くの植物性ヨーグルトには食感をよくするためにグアーガム〔グアー豆の胚乳部から得られる多糖類〕やペクチン〔植物の細胞壁や中葉に含まれる複合多糖類〕などを含む乳化剤や安定剤が使われていることだ。グアーガムもペクチンも、もともとは自然界に存在する物質を原料としたものだが、それをいうならプルトニウムも自然界に存在するウランを原料としているわけで、いずれにしろ体内に取りこみたいとは思えない代物だ。
大半の植物性ヨーグルトは動物性ヨーグルトに比べて容器に表示される成分が多く、クリーンラベル製品とは言えない。もっとも、植物性ヨーグルトにはこうした欠点を補う長所もあり、ファインも著書で植物性ヨーグルトに「B評価」をつけている。そのうえで、乳製品アレルギーなどがないなら「乳成分を原料とした一般的なヨーグルトを選ぶべき」だと強調した。だが、大手企業は急成長する植物性ヨーグルト市場に注力し続け、10年前のギリシャヨーグルトのように今後も業界をリードする存在になることを期待している。この流れは数字を見れば明らかだ。動物性食品を避ける近年の傾向を反映し、乳成分不使用のヨーグルトの世界全体の販売量は、2018年には3万トン増加している。また、2027年の世界需要は74億ドルを超える見通しだ。[4]
乳製品コーナーの棚に起きている変化のもうひとつの傾向は、原産地や地元産商品を重視することだ。「牧場から食卓へ」という言葉もあるが、消費者は購入するヨーグルト製品の背景を知り、天然の恵みを十分に取り入れたいと考えている。そして、二酸化炭素排出量の削減や、持続可能な原材料、できるだけ廃棄物を出さないことを常に意識しているのだ。その点、ヨーグルトは持続可能な食品に必要な4つの基準を満たしている。すなわち、環境にやさしい、栄養価が高い、価格が手頃、文化的に受け入れられやすいという特徴だ。
砂糖を使用した食品を避ける傾向はかなり浸透しており、特に子供用ヨーグルトの分野で顕著だ。

子供用のヨーグルトには多くの種類がある。表示をよく見て、質の高い商品を選ぼう。

かわいいパッケージに入ったやわらかい子供用ヨーグルトは、長年にわたって健康食品というふれこみで親の購買パターンに影響を与えてきた。最近の研究では、ほぼすべてのヨーグルトに大量の砂糖が含まれていることや、企業側がこの甘い食べ物を親ではなく直接子供にアピールする戦略をとっていることが指摘されている。イギリスでは「砂糖から子供を守ろう」というキャンペーンが展開され、WHOや全米小児科学会なども子供が砂糖を摂りすぎていると警告する。2019年2月には食品業界のシニア・イノベーション・アナリストのアムリン・ワルジーがミンテルのウェブサイト（Mintel.com）で、「イギリスの市場では2020年までに砂糖の消費量を20パーセント削減しようとしている」と分析した記事を掲載している。

同様の目標は各国で表明されており、たとえばドイツの製品「ヌア」（ドイツ語で「唯一の」の意）は有機ヨーグルト75パーセント、有機果実25パーセントのみで構成されている。これを受けて、チョバーニとダノン・ノースアメリカ社も2018年、添加物や砂糖の使用に特に配慮した新製品を発売した。幼児向けのチューブタイプからフリーズドライのヨーグルトまで、防腐剤や添加物不使用で糖分が削減された商品であれば、親は価格が最大1・5倍になっても購入するという調査結果もある。各乳製品企業がこのデータを受けて今後の戦略を練っていることは間違いない。

普通のヨーグルトと同じく、フローズンヨーグルトにも新鮮な果物と組み合わせたり、香辛料を加えたりした商品がある。

◉凍らせて食べるヨーグルト

乳製品コーナーからフローズンヨーグルトがある冷凍コーナーに移動すると、セーターと商品説明のパンフレットが必要になるかもしれない。この甘い食べ物は多くの消費者が健康志向を強めていた時代にアメリカで誕生したもので、ヨーグルトを凍らせて食べるというアイデアに人々は興味を抱いた。とはいえ、最初から好調だったわけではない。酸味が強すぎるという声も多く、なかには「ヨーグルトの味が強すぎる」というよくわからない意見もあった。そこで、ダノンやHPフッドなどの乳製品企業は果肉やフレーバーを加え、食べやすくすることにした。濃厚なチョコレートでコーティングしたダノンのフローズンヨーグルト「ダニー」や、アイスクリームの味と食感を再現したHPフッドの「フローグルト」が頭に浮かぶ読者もいるのではないだろうか。

フローズンヨーグルトは、アイスクリームと同じく生地を撹拌して空気を含ませることで体積を増やし、水を加えておなじみの氷の結晶にしたものだ。ただ、フローズンヨーグルトを健康食品と呼ぶのは無理があるかもしれない。原材料のうち乳酸菌の割合はわずか1パーセントで、大半は乳固形分や乳脂肪、砂糖、安定剤、乳化剤などが占めているからだ。原乳の違いによって、含まれる乳脂肪分には0・5パーセントから6パーセントもの幅がある（この乳脂肪がヨーグルトの生地に口当たりの良さとなめらかさを与えている）。甘みを出すのに使う糖はきび砂糖、コーンシロップ、てんさい糖などで、砂糖の代替品が用いられる場合もある。糖は甘みを増すだけでなく、こくと粘りを出す効果を持つ。また、表面が広く結晶化したり溶けすぎたりするのを防ぐために、安定剤や乳化剤などもごくわずかながら含まれている。さらに商品によっては粉末卵、塩、タンパク質のほか、香りづけとして果汁エキス、チョコレート、ナッツ、チャイやジンジャーなどの香辛料なども使用される。

カロリーを気にする人や特定の原料を避けたい人には、アイスクリームではなくフローズンヨーグルトがおすすめだ。ただし、フローズンヨーグルトは通常のヨーグルトと違い成分や表示の規定が厳密ではないので、健康効果は期待せず、もっぱら味を楽しむべきだろう。

冷凍食品コーナーといえば、人間の親友のための食べ物も忘れてはならない。そう、犬用のフローズンヨーグルトだ。犬用ヨーグルトを製造する「ベアーズ&ラッツ」の創設者メグ・ハンスフォー

4本足の友達向けのフローズンヨーグルト。

ド・マイヤーは、この新しい流行の理由を次のように述べている。「第一に、暑い日に凍らせたおやつを食べることで犬は水分を補給することができ、同時に栄養も摂取できます。ヨーグルトで人間の腸が健康になるのなら、犬にも当てはまるのではないでしょうか？　多くの店舗には、人間用の冷凍食品のすぐ隣に犬用の冷凍食品が置かれています。ペットの犬種に合ったものを選んでください」

◉フローズンヨーグルトショップ

フローズンヨーグルトについては、カウンターカルチャーを抜きにしては語れない。もっとも、ここでいうカウンターとは地元のヨーグルトショップのカウンターのことだ［「カウンターカルチャー」は本来「反体制文化」の意］。１９７０年代に生まれた文化（カルチャー）にはディスコ、８トラックプレーヤー、そしてフローズンヨーグルトがある。ディスコと8トラックは廃れてしまったが、フローズンヨーグルト（「フローヨー」の愛称で呼ばれる）は今でも健在だ。特にアメリカで人気が高く、最近は世界中の小さな店でも見かけるようになったとはいえ、ソフトクリームタイプのフローヨーに関してはアメリカが世界の売上の85パーセントを占めている。フローズンヨーグルトは最盛期の１９８０年代にはアメリカで３桁成長を遂げ、売上高は２５００万ドルに達した（物価上昇率を差し引いて調整すると約５４００万ドルに相当）。その後も売上高は安定していたが、２０００年代半ばにはさらに拡大する。きっかけは、ナンシー社のCEO、ジョン・ウーデルが生きたプロバイオティクス・パウダーを開発し、ソフトクリーム型フローズンヨーグルトのコンセプトを世界市場に広めたことだ。現在、フローズンヨーグルトはアメリカ単独でも20億ドル（約2100億円）の産業となっている。

面白いことに、発売当時不評だった酸味が現在は人気を集めている。ソウル出身のダン・キムが創設したフローズンヨーグルトのチェーン店「レッドマンゴー」の商品も甘さ控えめで、流行を反映しているいい例だろう。また、シェリー・ウォンとパートナーのヤン・リーもこのブームに乗じて、フローズンヨーグルトのチェーン店「ピンクベリー」を次々にオープンした。そして1990年代半ばにアメリカ西海岸で起きたヨープレイとダノンのヨーグルト戦争のように、レッドマンゴーとピンクベリーも互いに「元祖」を主張して対立した。どちらもフレーバーの数はしぼりこむ代わりにトッピングの種類は多くするという特色を打ち出し、健康的でさわやかな味を好むミレニアル世代をターゲットにしたという共通点がある。

このようなチェーン店は一時期いたるところで見られたが、やがてセルフサービス型のヨーグルトショップが主流となっていった。現在、セルフサービスの店では1食という単位ではなく量り売りが導入され、フレーバーやトッピングの選択肢の多さには驚かされる。アメリカのフローズンヨーグルトショップの69パーセントを占めるセルフサービス店では、「少ないほど豊か」の精神などどこ吹く風。さしずめ「真夜中でも開いている食べ放題の食堂」のヨーグルト版というところだ。

健康的な果物から甘いものまで、ソフトクリームタイプのヨーグルトを売る店ではありとあらゆるトッピングを揃えている。

セルフサービス型のヨーグルトショップが普及したアメリカに比べ、ヨーロッパではいまでもメニューから選んでカウンター越しに注文するスタイルが一般的だ。このようにグローバルな視点からの情報を知りたければ、IFYA（国際フローズンヨーグルト協会）というフローズンヨーグルト情報の宝庫がある。そのなかから、まずはインドネシアに初めてフローヨーを持ちこんだ店舗「サワー・サリー」のめずらしいメニューを紹介しよう。この店では、フローズンヨーグルトに抗酸化作用が強いとされる活性炭を加えた「ブラックサクラ」を食べることができる。同店によれば、活性炭が毒素を洗い流してくれるそうだ（それが事実かどうかはまだ証明されていない）。

ギリシャでは、2010年にアテネにオープンしたギリシャ初のフローズンヨーグルトショップ「フローヨー」がブームを巻き起こし、現在は

「チルボックス」が国内ナンバーワンの座を獲得している。チルボックスの特色はストラギスト（水切りヨーグルト）を使用していることだ。１９９3年に1号店をオープンしたイタリアの「ヨゴリーノ」は、現在イタリア国内に１００店舗以上、国外20か国以上に出店している。イタリアのフローズンヨーグルトは明らかにジェラートを意識したもので、なめらかさでは本家ジェラートといい勝負だ。

メキシコでフローズンヨーグルトが食べたくなったら、４８０店舗を展開する「ニュトリサ」がある。また、体重を気にしつつもフローズンヨーグルトを食べたいという人にはスペインの「ラオラオ」がおすすめだ。ここでは独自に開発した無脂肪乳「ラオ・ミルク」を１００店舗で使用している。フローズンヨーグルトの売上高トップ10に入る国のひとつ、オーストラリアでは、２００７年にワオ・カウ社が創設されてこの業界に参入を果たした。現在では「ヨーグルトショップ」、「ヨーグルトランド」、「ヨー・ゲット・イット」も加わり、オーストラリアの人々の舌を楽しませている。

ＩＦＹＡを設立したスーザン・リントンによると、フローズンヨーグルト関連の産業は世界中で成長が見られ、なかでも中東はひとり当たりの消費量が多い。ＩＦＹＡは2月6日をアメリカの非公式な「ナショナル・ヨーグルト・デー」と定め、さらにソーシャルメディアを通じて「国際フローズン・ヨーグルト・デー」、つまりフローズンヨーグルトを世界中で祝う日を定着させようと取り組んでいる。これが世界各地のフローヨー愛好家の間で広まってほしいというのがＩＦ-

YAの願いだ。フローズンヨーグルト市場を最も力強く牽引（けんいん）しているのはアメリカだが、成長率ではヨーロッパが最も高く、カナダ、ギリシャ、ブラジル、イタリア、マレーシア、スペイン、フィリピン、メキシコがアメリカに迫る勢いだ。この状況を受け、フローズンヨーグルトの市場規模は２０２４年まで年平均約３・４パーセントで成長すると予測されている。

この業界の動向をおさえておきたければ、アメリカのフローズンヨーグルトショップで今後どんなサービスが展開されるかに注目すべきだ。たとえば、ソフトクリーム型のフローズンヨーグルト専門店「レイス&アーヴィーズ」にはＡＩ付き自動販売機がある。最先端の技術を駆使したこの機械には対話形式のタッチパネルがついていて、客がフレーバーやトッピングを選択して注文すると60秒足らずでロボットが注文通りの品を作ってくれる。さて、次は何だろう？　もしかしたら、注文したヨーグルトを客の代わりに食べるというサービスが登場するかもしれない！

第6章 ◉ ヨーグルトと腸のおいしい関係

2018年だけでも、ヨーグルトと人間の腸内細菌叢(そう)［細菌の集まり］については4900以上の科学論文が発表されている。この分野の研究は素人には複雑で、ある研究が別の研究と矛盾したり根底から覆す結果になったりというのはよくあることだ。ただし多くの研究は継続中であり、日々新しい発見があることを考慮すれば、一見相反する研究結果に相関関係がある可能性も否定できない。本章ではおもな研究を紹介し、その内容について解説していこうと思う。統計や科学的な実施計画の詳細を知りたい人は、本章の「注」で紹介した記事や書籍を参照してほしい。前もって言っておくと、ヨーグルトが健康促進の特効薬であることを示す研究と、逆に何の役にも立たないとする研究は2：1の割合で存在する。どんな研究でもそうだが、出典を把握し（多くの研究には自己宣伝的な要素があり、既得権を持つ人々が研究資金を提供している）、研究の規模やその研究が自分に直接どれほど関係があるかをよく確認することが大切だ。そして、食生活やライフスタイルを大幅に変える前に、手に入れた情報を医療専門家に伝えて医学的根拠に基づく意見を求めるべきだろう。

ヨーグルトの摂取については多方面から研究が行われているが、近年はヨーグルトが免疫システム、CVD（心血管疾患）、T2D（2型糖尿病）、肥満、脳腸相関（胃腸の健康と精神面との関連性）に与える影響など、最も切実な問題に光が当てられている。まずは免疫システムの話から始めよう。医学界では、多くの健康問題には免疫機能が関わっているとする考え方が一般的だ。ヨーグルトの摂取と免疫との関係については、シミン・ニクビン・メイダニとハ・ウォルギュが詳細な調査結果を発表している。両氏はヨーグルトがどのように、またなぜ健康な免疫システムを強化するのかの解明を目的とした数多くの研究を分析、評価した。腸疾患からがんまで、ヨーグルトが免疫に果たす役割についてさまざまな角度から取り上げた結果、ふたりは「ヨーグルトの摂取や乳酸菌の経口投与は、宿主の免疫システムを刺激する」と結論づけ、次のような見解を示した。研究間の矛盾や実施計画にまつわるさまざまな問題はあるものの、「これらの研究は、特に高齢者など免疫力が低下した集団において、ヨーグルト摂取量を増やすことで免疫力が高まるという仮説に強い根拠を与えるものだ[1]」。

腸内環境の整備は炎症の抑制にもつながり、炎症が抑えられれば免疫システムが慢性疾患をうまくコントロールできる可能性があると科学者は考えている。ウィスコンシン大学マディソン校で食品科学を教えるブラッド・ボリング助教は、ヨーグルトが慢性的な炎症に果たす役割と免疫システ

腸を調えてきれいにすることはとても大切だ。

ムとの関係に着目した実験を行った。半分の被験者はヨーグルトを、もう半分の被験者はプリンを9週間食べた結果、「ヨーグルトを継続的に摂取することで全般的な抗炎症効果を得る可能性がある」ことがわかった。さらに研究を重ねる必要があることを認めつつも、この結果に勇気づけられたとボリングは語る。[2]

ヨーグルトと免疫の関係を掘り下げていけば、当然ながらヨーグルトががんなど重い病気に効果があるかもしれないという考えに行き着く。ヨーグルトには、乳製品や反芻動物の肉にも含まれる体によい脂肪酸ＣＬＡ（共役リノール酸）が非常に多く含まれていることがわかっている。ＣＬＡは醱酵により効果が高まり、牧草を食べて育った動物の原乳ではさらに強化される。全米科学アカデミーはＣＬＡの発がん抑制効果を検証し、「ＣＬＡは、動物実験において発がん抑制作用が明確に示された唯一の脂肪酸」だと発表した。[3] だとすれば、ヨーグルトとがん対策の関連性を示す研究はただの夢物語というわけではない。

２０１８年に科学への貢献で爵位を授与された英国がん研究所のメル・グリーブスは、生涯をかけて小児白血病の問題に取り組んでいる。彼は小児白血病の増加についてさまざまな要因を挙げており、そのひとつが「幼少期に微生物にふれる機会が少ないと免疫系の誤作動を起こし、（場合によっては）白血病で最も多いタイプである急性リンパ性白血病（ＡＬＬ）の発症につながる」というものだ。グリーブスは、子供のマイクロバイオームを強化して「慢性的な炎症を起こさせない」方法を研究している。その最終目標は「そもそも小児白血病の発症を封じこめる、ヨーグルトタイプの飲料を開発する」ことだ。[4]

ヨーグルト摂取とＣＶＤ（心血管疾患）の相関関係にも大きな関心が寄せられている。２０１８年2月に報告された広範囲にわたる研究で、「長期的にヨーグルトを摂取すればするほど、男女ともに高血圧のリスクが低下する」という結果が発表された。この研究では高血圧の５万５０００人以上の女性と1万８０００人以上の男性という大規模なグループの追跡調査を行っている。その結果、健康的な食生活の一部として週に2食以上のヨーグルトを摂取した参加者では、月に1食未満の参加者に比べてＣＶＤのリスクが女性で17パーセント、男性で21パーセント低下したことがわかった。本研究の主導者のひとり、ジャスティン・Ｒ・ブェンディアは「今回の結果は、ヨーグルト単独で、あるいは食物繊維が豊富な食品、野菜、全粒粉を含む食事と共に摂ることで、心臓の健康を促進する可能性があるという重要な新エビデンスとなる」と語った。[5]

密接な相関関係にあるＴ２Ｄ（２型糖尿病）と肥満については厖大な研究が継続中だ。２０１５年、エイミー・キャンベルは「ヨーグルトは最高 *Two Thumbs up for Yogurt*」という記事で両者に関連する複数の研究を報告している。まず、ケンブリッジ大学で２万５０００人以上を対象に行われた研究では、ヨーグルトを週に４・５回以上食べる人はＴ２Ｄのリスクがかなり低いことがわかった。肥満に関しては、ヨーグルトが治療薬となるわけではないが、スペインのナバラ大学で２年間にわたりスペイン人の男女８０００人以上を対象に行われた包括的な研究がある。この研究で、週に7食以上のヨーグルト摂取と体重過多や肥満の発生率低下の間に直接的な相関関係があることが示された。この研究の主導者グループは別のメタアナリシス（複数の研究を調査し、すべてのデータから結論を導き出すこと）でも、Ｔ２Ｄに関してヨーグルト摂取が明らかに功を奏していると評価し、こう結論づけた。「ヨーグルトの大量摂取はＴ２Ｄのリスク低減に結びつく」。[6]

オランダにあるヴァーヘニンゲン大学のフランス・コック名誉教授は人間栄養学の専門家だが、２０１８年にヨーグルト栄養学会が発表した報告書で、ヨーグルトが体重コントロールに好影響を与えうる理由をこう説明している。「タンパク質は食欲調整ホルモンに、カルシウムは脂肪吸収に影響をおよぼし、生菌は腸内細菌叢を変化させうる。このことから、ヨーグルトが体重コントロールに有益な効果を示す可能性があることは明らかだろう」[7]

正しい決断をしたいときには頭をしっかり働かせる必要があるが、ヨーグルトはそのサポートもしてくれるようだ。免疫システムの70パーセント、［俗に「幸せホルモン」の名で知られる神経伝達物質の］セロトニンの90パーセントは実は腸に存在するため、気持ちを安定させるためには腸内環境を整え、健康に保たなくてはならない。脳腸相関の研究の多くは、この前提を踏まえて行われる。腸内には1億個以上の脳細胞と同じ物質（ニューロン）が存在し、心と腸のつながりはとても深い。ジョンズ・ホプキンス神経消化器センター長のジェイ・パスリチャ博士は「腸内脳」と呼ばれるものの役割について研究を行った。彼は、この「第二の脳」は消化器系の壁に隠れており、うつ状態や不安、代謝、認知などあらゆることに影響を与えると説明する。[8]

この説は、多くの重要な研究が着手されるきっかけとなった。カリフォルニア大学ロサンゼルス校（UCLA）医学部の最近の研究によると、プロバイオティクス・ヨーグルトを1か月間食べた人は、脳機能の変化が実際の数値として確認できたという。この研究を主導したうちのひとり、クリステン・ティリッシュはこう語る。「この研究結果は、ヨーグルトの内容物の一部が環境条件に対する脳の反応に変化をおよぼす可能性を示しています。……『人は食べたものでできている』や『直感［英語でgut feeling（腸の感情）］』という言葉に、新たな意味が出てきたのです」。脳スキャンで脳活動を測定すると、ヨーグルトを食べた女性は食べなかった女性に比べて明らかに好ましい変化が確認された。[9]

ヨーグルトは空腹感の認識さえも変えるという説もある。ケンブリッジ大学出版局は、被験者に同量の液体ヨーグルトとチョコレートを摂取してもらい満腹感を評価するという実験の結果を発表した。この研究の主導者によれば「被験者はチョコレートバーよりも液体ヨーグルトのほうに強い満腹感を感じた」。空腹を満たしたいときには、甘いものよりヨーグルトを食べてみるべきかもしれない。[10]

ここで少し目先を変えて、ヨーグルトが人間――あるいは毛皮を着た人間の友達――のどんな感情を誘発するかという、興味深い研究結果を紹介しよう。2012年に免疫生物学者スーザン・アードマンと遺伝学者のエリック・アルムは、マサチューセッツ工科大学でそれぞれ40匹のオスとメスのマウスを用いてある実験を行った。一方のグループにはいわゆるジャンクフードを、もう一方のグループには一般的なマウスのエサを与え、さらに両グループの半数に毎日ヨーグルトを食べさせた。その結果を調べたアードマンによれば「ヨーグルトを食べたマウスは毛並みがとてもつやつやになりました。……オスのマウスはふんぞり返っていました。……自信に満ちた魅力とでも言えばいいでしょうか。……端的に言えば、このグループのマウスは毛並みがよくセクシーだったということです」。さらに研究チームは、「プロバイオティクスを食べたメスのマウスはわが子を放置することが少なく、離乳期までしっかり育てる率が高かった」と述べている。明確な理由は不明としながらも、彼らは「ヨーグルトを食べたマウスはストレスレベルが低いのではないか」と説明した。さらに興味深いのは、エサの質に関係なく、ヨーグルトを毎日食べたマウスには全体的に変化が見られたことだ。[11]

２０１９年に開催された「第6回ヨーグルトの健康効果を考える地球サミット」で、ヨーグルトに含まれる成分ごとの効能よりも、それらが組み合わさったときの効能が重要であることを裏づける、近年のさまざまな研究結果が発表された。研究者たちは、ヨーグルトに関してはそのフードマトリックス（特定の食品に含まれる成分の組み合わせ）を考慮する必要があると強調している。そして、ヨーグルトのフードマトリックスは「高品質のタンパク質とカルシウム、その他のミネラル、ビタミンの優れた供給源となる、栄養密度の高い食品」を構成し、さらに「ヨーグルトの健康効果はその栄養成分、プロバイオティクス菌、醱酵産物に由来する」と結論づけた。[12]

ヨーグルトは醱酵することで低密度の食品となり、1グラム当たりのカロリーが低くなる。また、醱酵の過程で成分中のタンパク質が分解されて消化しやすくなり、ビタミンやミネラルが体内をよりスムーズに循環することから、ヨーグルトはタンパク質を効率的に活用する食品だと言えるだろう。ヨーグルトのタンパク質の80パーセントはカゼインというタンパク質であり、これはミネラルの吸収を促進する働きを持つ。残りの構成分は醱酵過程で生じる黄色の液体、つまり乳清だ。乳清には分岐鎖(ぶんきさ)アミノ酸（ＢＣＡＡ）が多く含まれている。ＢＣＡＡが筋肉の発達と回復に役立つことはアスリートにとっては常識であり、運動前後の栄養補給には理想的な成分だと見なされている。

ヨーグルトの役割はほぼ万能で、できないのは歯磨き代わりになることくらいかもしれない。いや、そういえばニューヨークの歯科医スティーブン・ダヴィドウィッツが、ヨーグルトと歯の健康の関連性を指摘していた。ヨーグルトに含まれるカルシウムは丈夫な歯を作るのに非常に役立つが、酸はエナメル質の大敵だ。彼いわく「ヨーグルトの味を堪能したあとは、必ず歯を磨きましょう」。

ヘアパックから日焼け止め、ニキビ対策からスキンケアまで、ヨーグルトは内側からも外側からも体を調えてくれる食品だ。研究によればヨーグルトは骨を強くし、アレルギーのリスクを減らし、腸のトラブルを和らげ、膣の健康を守る効果がある。そして何より重要なのは、世界人口の約65パーセント、東アジア系人口の約90パーセントを占める乳糖不耐症の人々も、ヨーグルトなら安心して乳製品の恵みを享受できるということだ。

第7章◉世界のヨーグルト事情

本来、どんなヨーグルトを食べるかは家族に代々受け継がれてきた伝統によるところが大きい。今は多くの食べ物の流行はＳＮＳのインフルエンサーがインスタグラムに投稿から生まれるが、ヨーグルトに関しては伝統とレシピを次の世代に伝えた一族の誰かがインフルエンサーだったと言えるだろう。作家マドヴィ・ラマニはＢＢＣの旅行ブログに掲載した記事で、ブルガリア出身の研究員エリツァ・ストイロヴァの言葉を引用している。

別々の村に住むふたりの老婦人がヨーグルトを作るとき、材料は同じでも味はまったく違うものになる。ヨーグルトはきわめて個人的な食べ物だ。住む場所、乳を出す家畜、そしてその家庭独特の味と密接な関係があり、そのレシピは世代から世代へと受け継がれていく。[1]

数世代が揃った、あるブルガリアの家族写真。ブルガリアヨーグルトが世界的なブームになり始めた1912年に撮影された。

このことを踏まえれば、ヨーグルト発祥の地域に住む人々の食生活にヨーグルトが今でも欠かせないのは当然のことだ。また、移住すればその人が持つ文化も一緒に運ばれていく（実際、移住した祖先の故郷に伝わるヨーグルト文化を受け継いでいる人々もいる）。さまざまな伝統や習慣、味や香り、調理法、インスピレーションが国を越えて共有されてきた過程を見れば、人々がこの多様性に富む食べ物をどのように受け入れてきたかがわかるだろう。

ブルガリア乳酸桿菌がブルガリアのヨーグルトから発見されたことに敬意を表し、世界のヨーグルトの旅はブルガリアから始めよう。２種の有名な菌株、ブルガリア菌とサーモフィラス菌の共生が相乗効果を生み出した「キセロ・ムリャコ」（ブルガリア語で「酸っぱい乳」の意）は、ヨーグルトの王者とも言える絶対的存在だ。ブルガリアヨーグルトは独特の酸味、まろやかな口当たり、そしてヨーグルト好きならすぐにそれとわかる匂いが特徴だ。20世紀前半から半ばにかけて、ブルガリア産の菌株はフリーズドライや錠剤で販売、出荷されていた。１９３7年の『ロンドン・オブザーバー』紙にはザルツブルクの小さな乳製品店が閉店するという記事が掲載されており、ブルガリア産ヨーグルトがいかに大きな存在だったかをうかがわせる。この店は、名指揮者のアルトゥーロ・トスカニーニをはじめ多くの人々が詩と本物のブルガリアヨーグルトを求めて訪れていたことで知られていた。店主が書いた詩をひとつ紹介しよう。

ブルガリア人が長生きなのはなぜだろう？
風邪もひかないのはなぜだろう？
それはヨーグルトを飲むから
冬にも春にもヨーグルトを

ブルガリアはブルガリアヨーグルトの特許を有しており、ほかの国はその名を冠した菌株を使用する際には許諾を得なければならない。つまり、「ブルガリアヨーグルト」という名で販売するためにはブルガリアで製造された菌株を購入して種菌にする必要があるということだ。わかりやすい例が、ブルガリアのロドピ山脈にある小さな村と中国の関係だろう。２００9年、中国の光明乳

中国の光明乳業の製品、常温保存可能な飲むヨーグルト「モムチロフツィー」は
2009年の発売以来ベストセラーとなっている。

ロドピ山脈地方で行われるブルガリアの伝統的な祭り。ヨーグルトを祝うもので、毎年数千人の中国人観光客が訪れる。

業は「モムチロフツィー」という常温のヨーグルトドリンクを発売した。モムチロフツィーとは、このヨーグルトの菌株が培養された村の名前だ。上海で製造され、中国語で「莫利斯安（モリシアン）」と呼ばれるこの商品は、中国のヨーグルト製品では最大の売り上げを記録している。この製品の発祥の地であるブルガリアの小さな村、モムチロフツィーを訪れると、中国語の看板や独学で学んだ標準中国語を話す住民に出会うことがある。毎年開催される中国・ブルガリア祭は大盛況で、「ヨーグルトの女王」の登場で最高に盛り上がるという。住人1200人のこの「長寿の村」には、毎年1000人以上の中国人観光客が訪れている。

他国で蓄積された伝統が中国文化に影響を与えた例はほかにもある。ウイグル人が多く住む新疆（しんきょう）ウイグル自治区のヨーグルトも、そのひとつだ。ウイグル人の祖先はトルコ系のムスリムで、1000年以上前からこの地に住んでいる。彼らの食事は中国料理というより中近東風で、特に「ナイラオ」と呼ばれるヨーグルトは人気が高い。

フードライターのヴァンは、自身のブログ（https://foodisafourletterword.com/）にこう書いている。

この料理のオリジナル版であるナイラオは、19世紀に宮廷料理人たちによって作られたものです。1950年代にはよりマイルドで甘みのある味に変わり、北京に住む健康志向の人や流行に敏感な人の間で流行りました。[2]

中国全土に広まったナイラオは今では北京ヨーグルトとも呼ばれ、ほとんどの市場や賑やかな通りに立つヨーグルト売りから買うことができる。北京ヨーグルトを飲みながら市場を散策するのは、中国に長く伝わる伝統のひとつだ。瓶に紐で結んだ青い紙のふたに細いストローや使い捨てのスプーンを刺してその場でヨーグルトを楽しみ、空になった瓶はヨーグルト売りに返す。

市場アナリストのタン・ヘン・ホンによれば、中国や東南アジアでもミレニアル世代がヨーグル

北京を代表するヨーグルト。昔ながらの青と白の紙ぶたにストローを挿し、ガラス瓶で売られている。

ト市場を牽引（けんいん）しており、彼らはプロバイオティクス効果のある外国産の有益な自然派ヨーグルトを求めているという。それが歴史と実績を持つ商品ならなお理想的だ。中国では、牛乳や粉ミルクへのメラミン混入が発覚した２００８年の事件以降、国産の乳製品に警戒心を抱いている消費者も多い。メラミンは有機化合物の一種で、本来食品添加物としての使用は禁止されている。２００８年の事件ではメラミン入り粉ミルクを飲んだ十数名の乳児が命を落とし、事件から4年後には問題の製品を作っていた西安市にある乳製品工場の責任者が殺害されたという噂が広まるという不可解な出来事も発生した。

　原乳やその原乳から作るヨーグルト製品の品質を管理するため、中国はフランスやスイス、そしてニュージーランド、オーストラリアなどの農場や酪農組合の買収に乗り出している。欧米の生活様式を熱心に取り入れようとしている最近の中国人は、タンパク質やカルシウムを多く含む食品を、大人だけでなく子供にも食べさせようとする傾向が強い。彼らはヨーグルトを、単に健康的な食品ととらえるだけでなく、免疫力を高め、乳糖不耐症の人が他の乳製品からは得ることが難しい栄養分を摂取することができる食べ物だと理解している。

現代の中国の消費者は昔より都会的になり、収入も増え、携帯できる栄養食品を求めている。どこでも手軽に食べられる商品はアジア市場で需要が高く、中国や韓国には慌ただしい毎日を送る顧客に自転車でヨーグルトを配達する女性たちがいる。韓国の「ヨーグルトレディ」はアプリコット色のジャケットとピンクのヘルメットが目印で、「Cold & Cool」を略した「CoCos」と呼ばれる電動の冷蔵カートに乗り、配達を行う。このカートにはなんと３３００本ものヨーグルトが入るという。

アジアではまだヨーグルトは、基本的な食材というよりは、手軽に栄養補給できる便利な食品という見方が一般的だ。市場予測データを提供するプラットフォーム「スタティスタ」によると、中国のヨーグルト関連食品は２０２０年に４１３２万９０００ドル（約45億円）の売上高を達成し、２０２３年まで年率４・９パーセントで成長すると予測されている。中国および東南アジア市場は今や世界最大のヨーグルト消費市場となる勢いで、特に飲料ヨーグルトの売り上げが伸びている。

時代の流れのなかで臨機応変にヨーグルトを楽しんでいるのは中国に限った話ではなく、他のアジア市場も同様だ。日本とヨーグルトの結びつきは、１９３０年代に京都出身の医学博士、代田（しろた）

稔（みのる）が乳酸菌と病気の関係を調べたことから始まった。徹底的な研究の結果、彼は選択した300種類以上の乳酸菌を組み合わせて培養する。そのラクトバチルス・カゼイ・シロタ株（*Lactobacillus casei Shirota*）を牛乳の醱酵に使用して製品化し、「ヤクルト」という名前をつけた。彼が発明したヤクルトと、健康な腸が長生きにつながるという信念は日本人に広く受け入れられた。ヤクルトは免疫力を高めたり消化を助けたりする効果があるとされ、今でも日本はもちろん、世界中で毎日3000万人以上が愛飲している。

日本はヨーグルト市場に本格的に参入したのは、大手の明治乳業（現在の株式会社明治）が1971年に初めてプレーンタイプのヨーグルトを発売したことを契機とする。中国とブルガリアの関係と同様に、明治もブルガリアとつながりを持つことで売り上げを伸ばしたいと考え、1973年にブルガリア政府から国名使用許可を得て「明治ブルガリアヨーグルト」を発売する。さらに1996年には特定保健用食品の表示許可を取得するなどの革新的な取り組みを続け、売り上げ増につなげている。[3]

日本では抹茶や柿など伝統的な食材を使ったフレーバーヨーグルトが販売されている。容器も昔の漆器をイメージしたデザインで、和の雰囲気を楽しめる商品だ。日本のヨーグルト市場の成長比率は他のアジア市場に比べて小さいものの、成長は今後も続くと予測されている。

インドをはじめ、南アジア、中央アジア、パキスタン、バングラデシュ、ヒマラヤ諸国などを含むインド亜大陸では、古くからヨーグルトが食事に取り入れられていた。ベジタリアンの多いこの

ダヒはヒンドゥー文化に欠かせない食べ物だ。ヒンドゥー教の神クリシュナの誕生を祝うジャンマシュタミ祭の翌日に、ダヒ・ハンディ（土鍋に入った凝乳の意）という行事が行われ、若者たちはピラミッドを作ってダヒやその他の乳製品が入った壺を目指す。

地域の人々にとって、ヨーグルトはタンパク質、カルシウム、脂肪分を摂取できる必要不可欠な食べ物だ。また、ヨーグルトにはインド料理によく使われるスパイスの辛さを和らげる効果もある。インドではヨーグルトは「ダヒ（凝乳（ぎょうにゅう）の意）」と呼ばれ、低温殺菌されたミルクではなく一度過熱してから常温に冷ましたものに1種類の乳酸菌を加えて作られる。西洋では一般的にヨーグルトが凝固して乳清と分離するのを避けようとするが、ダヒの場合は逆に凝固したら成功だ。ダヒ作りの作業は毎日続き、前日にできたダヒを新しいダヒに加えることで濃厚で酸味の強いヨーグルトになる。

凝乳は多くのインド料理に欠かせない食材だ。たとえば米とダール（小粒の豆類のスープに似た料理）のつなぎとして使えば、インド式に右手でつまんで食べられる料理になる。「アルー・パラダ」（凝乳入りのジャガイモカレー）はパハリ地方の伝統料理で、ヨーグルトを使うことでまとまった食感が出る。「モール・ラッサム」（凝乳入りスープ）では、バターミルクに似た特徴的な味を出すために酸味のある凝乳が使われ、人気の「ダヒ・パプディ・チャート」［揚げた生地にゆでた豆やジャガイモなどを載せ、ヨーグルトとスパイスで味を調えた軽食］はミントやコリアンダー、タマリンドなどのさまざまなチャツネ［ペースト状の調味料］と、ヨーグルトの味が調和している。やわらかいドーサ（レンズ豆と米の団子）や、ダム式（密閉された厚底の鍋で長時間火にかける加熱法）で調理されたビリヤニにもヨーグルトが使われる。また、ヨーグルトにタマネギ、スパイス、ハーブを加えたインド版グリルドチーズ［チーズをパンに載せたホットサンドイッチ］、「ダヒ・トースト」は朝食

チキンビリ[illegible]ニ：手間と時間はかかるが、味は保証つきだ。

マンゴーラッシー。インドの伝統的な手法では、壺に入れた材料を木の棒で混ぜて作る。

ハーブの香りが漂うおいしいライタは、ディップや調味料に最適だ。

インドのマハーラーシュトラ州やグジャラート州に伝わるデザート、シュリカンド。

として人気の料理だ。

ヨーグルトを使うインド料理で最も有名なのは、おそらくライタだろう。ライタはヨーグルトと野菜、果物、ハーブ、スパイスなどを混ぜ合わせた、冷たいディップのような料理だ。調味料として使うほか副菜にもなり、簡単に作ることができる。また、インドの代表的な飲料であるラッシーはヨーグルトをベースにしたスムージーで、その起源は紀元前1000年頃のパンジャブ地方にまでさかのぼる。クミンパウダーやレッドチリを加えて塩味にしたり、マンゴーやローズウォーターを加えて甘くしたりと、さまざまな楽しみ方ができる。

甘いといえば、マハーラーシュトラ州の伝統的デザートでシンプルのきわみである「シュリカンド」を忘れてはいけない。材料はチャッカ（水切りヨーグルト）、粉砂糖、歯ごたえのあるドライフルーツの3つだけ。さらにサフランを加えたり、スパイシーなカルダモンで香りづけしたり、ピスタチオをトッピングしたりすれば、豊富な味のバリエーションを楽しむことができる。

インドネシアには、水牛乳を竹筒に入れて醗酵させるヨーグルト「ダディ」がある。ネパールでは文化的・宗教的な祝祭の一環としてヨーグルトを食べる慣習があり、「ズーズーダウ」というヨーグルトが幸運をもたらすと見なされている。そのため、多くの家庭では祭りの日にズーズーダウで満たした土鍋を玄関先に置いて来客を出迎えるのだ。このようなヨーグルトはその国に住んでいないと食べられない、とあきらめる必要はない。探してみれば、中東、東南アジア、ヨーロッパ、アメリカ、アフリカ、カリブ諸国といたるところで、オリジナルのレシピにそれぞれのアレンジを融

新鮮なハーブと混ぜて飲むなど、ケフィアにはさまざまな楽しみ方がある。

ケフィアグレイン

合させたヨーグルトが見つかるはずだ。

コーカサス山脈地方にはさまざまなヨーグルトがあるが、なかでも人気は「ケフィア」と呼ばれる飲料だ。この醱酵飲料はヨーグルトの仲間ではあるが、まったく同じではない。ウシ、ヒツジ、ヤギの乳を原材料とするケフィアは、ケフィアグレインという種菌を加えて製造する点でヨーグルトと異なる（ちなみに、「グレイン（粒）」という名前とは違ってこの種菌は粒状ではない）。完成したケフィアはわずかに泡が立ち、炭酸のような仕上がりになる。「培養乳製品のシャンパン」としても知られるケフィアは、炭酸飲料に代わる健康的な飲み物としてアメリカやイギリスで人気が高い。ケフィアはヨーグルトと同様に栄養豊富だが、複数の菌が常温で醱酵するためごく少量のアルコール分が生じる。また、活性酵母も含まれているので他の乳製品にはない栄養素が含まれており、ヨーグルトとは明らかに別物だ。コーカサス地方からはるか遠く離れたチリでも、ケフィア（チリでは「鳥のヨーグルト」と呼ばれている）の人気は広がりつつある。この地にケフィアを持ちこんだのはロシアからの移民だ。ケフィアグレインはインターネットや、健康食品店をはじめ多くの食料品店で購入可能で、家でも簡単にケフィアを作ることができる。

中央アジアやモンゴルの人々は、何千年もの間ヨーグルトに似た「クミス」という飲料を愛飲してきた。トルコ語に語源を持つクミスはアルコール度数が約3パーセントの醱酵乳で、飲めばほろ酔い気分になりそうだが、店では酒類ではなく乳製品コーナーに置かれている。原材料は馬乳で、味はかなり甘い。他の家畜乳で作られた醱酵製品よりもアルコール度数が高いのは、馬乳に含まれ

夏至祭でクミスを注ぎ分けるヤクート（ロシア連邦サハ共和国在住のテュルク系民族）人女性。ナムスキー地区、1913年4月、アキーム・ポリカルポヴィチ・クロチキン撮影。

伝統的に銅製のマグカップに注がれるアイランは、すっきりした味でトルコ料理を引き立ててくれる。

るスクロースの影響だ。現在は馬乳の入手が困難なので市場に出すクミスは牛乳で作られ、ほんのり甘みを加えて本来の風味を、そして泡立ちを再現している。１２５０年にモンゴルの大草原を旅した旅行作家ウィリアム・ルブルックは旅の日常を厖大な日記に綴り、１９００年には詳細な英訳版が発行された。この旅行記に「クミスは胃袋を最高に満足させる」という記述が残っている。

ヨーグルト発祥の地であるトルコでは、ヨーグルトは今も昔も食卓に欠かせない。食材や調味料、副菜として親しまれているほか、トルコで最も有名な飲料「アイラン」のベースにもなる。突厥（とっけつ）（テュルク系遊牧民族）が編み出したとされるアイランは、基本的には乳酸醗酵したヨーグルトを水で薄めたもので、アルコールは含まれていない。特に夏の暑い時期に重宝され、遊牧民はこれを飲んで砂漠の暑さをしのいだ。塩を入れて飲むのが昔からの伝統で、これを飲むと気分がすっきりして元気を取り戻すことができる。アイランは現在もトルコをはじめとする多くの地域で飲まれ、たいていのマクドナルドのメニューにも入っている。また、トルコ流のアレンジが加えられた、インドのライタによく似た料理もある。トルコ流ライタはヨーグルトを薄めて、塩、おろしたニンニク、キュウリ、ミント、ディルを混ぜて作るもので、さらにスマック（スパイスの一種）、ライム果汁、オリーブオイルを加えることも多い。この冷たくさわやかなディップは「ザジキ」と呼ばれ、ケバブやキョフテ（トルコ風ミートボール）などトルコの名物料理にぴったりの調味料だ。

トルコの食生活におけるヨーグルトの存在感はかつてよりも強まり、トルコ語で朝食を意味する「カファバルト」にもヨーグルトが使われるようになった。カファバルトは甘みのあるものは使わず、

「チュルブル」（ヨーグルトに新鮮なニンニクと塩を混ぜた料理）をポーチドエッグにたっぷりとかけて供される。また、トルコ料理を語るうえでトルコ版ラビオリの「マンティ」は外せない。これは小麦粉を伸ばした小さな生地でスパイシーなラム肉や鶏肉、牛ひき肉を包んでから焼いたり揚げたりし、ニンニク、チリペッパー、ミント、ローズマリーなどを加えたヨーグルトソースをかけたものだ。

トルコには濃厚でねっとりとした伝統的な「スズメ・ヨーグルト」があり、大半の前菜に使われている。このヨーグルトは肉のマリネにぴったりで、肉全体にかけるとその酸味で風味が高まり、肉をやわらかくする効果もある。また、スズメ・ヨーグルトとヤギ肉やラム肉を弱火で煮こむと酸味のあるおいしいシチューになるし、小麦粉と混ぜればとろみや粘り気を増すのに役立つ。ベジタリアンにおすすめはブルグル米、トマト、ハーブを使った伝統料理「エキシリ・ピラフ」で、ヨーグルト独特の味わいが活かされており、じっくり煮こんだり揚げたりしたナスとの相性が抜群だ。ほかにも代表的な料理に「タルハナ」がある。ヨーグルトに穀物やさまざまな野菜を加えて醱酵させ、粗いパン粉状に乾燥させたものだ。これを水で戻して調理したスープもタルハナと呼ばれ、アナトリア地方の代表的な料理となっている。

トルコでは、ヨーグルトは素材の風味や味を生かした料理だけでなく、人気の高いデザートの重要な材料としても用いられる。ハチミツをたらしてケシの実を振りかけるだけのシンプルなデザートもあるし、生地に混ぜこんで焼けばオスマン帝国時代から続くヨーグルトケーキの一種「レヴァ

乾燥させたタルハナ（上）と、そのタルハナで作ったまろやかなスープ。

ずらりと飾られたドゥーグのボトル。イラン、マザンダラン州のハラズ通りにて。

ニ」になる。

イランには、アイランのように水で割ったヨーグルト飲料「ドゥーグ」があり、水の代わりに炭酸水で割って飲むことも多い。これもアイランと同じく突厥（とっけつ）に広く親しまれてきた飲料で、ドゥーグという語の由来がトルコ語で「乳搾り」を意味する語だというのもうなずけるところだ。ドゥーグにミントやキュウリを加えると苦味が和らぎ、すっきりした味になる。イランでは昔からこの炭酸ヨーグルトは家庭で作られてきたが、今は「アバリ・ヨーグルトソーダ」という名のペットボトル入り飲料としてインターネットで簡単に購入できる。近年、ドゥーグは国際食品規格委員会が定める規格を満たし、世界に誇るイランの名物飲料となった。「人のことに口出しするな」という意味で「自分のヨーグルト作りに専念しろ」という言いまわしがあるほど、ヨーグルトはイラン文化に根づいている。バリエーションも実に豊富で、たとえば新鮮なハーブとホウレンソウ、レンズ豆を加えた温かいヨーグルトスープ「アーシュ・マースト」などがある。

北欧でもヨーグルトは古くから親しまれてきた。寒く、ときには過酷な天候に見舞われるこの地では、乳製品を長期間保存する工夫が必要だったのだ。北欧には少し粘りがありヨーグルトに似た「フィールミョルク」、略してフィールと呼ばれるスウェーデン発祥の飲料があり、バイキング時代から飲まれていた。ヨーグルトとは醱酵の過程が異なるため味も違うが、フィールミョルクにもプロバイオティクス菌が豊富に含まれており、スウェーデンの人々の健康的な食生活を支えている。

中等度の温度で最もよく生育する培養菌で作る「ヴィーリ」は、スプーンで食べるタイプの北欧版醱酵ヨーグルトだ。醱酵の過程で上部に薄いカビの層ができ、それが独特の味や香り、見た目につながっている。乳酸菌から産生される菌体外多糖（ＥＰＳ）により、ヨーグルトは糸状に伸びるほどの粘度を持ち、非営利の食品研究所「北欧フードラボ」のエディス・サルミネンはこれを「北欧のねばねばミルク」や「スライム！」と呼ぶ。[4]また、飲むヨーグルトのフィンランド版でチーズのような味わいのバターミルク「ピーマ」や、何世紀もの歴史を持つ北欧ならではの「こってりとした」プレーンヨーグルト「スキール」もある。

北欧の人々は１日に平均１００グラムのヨーグルトを食べる。こうした「ねばねばミルク」は種類が豊富で味や酸味もそれぞれ異なり、独自の食感や味わいがある。北欧以外の国に住む人が地元でこうした商品を手にするチャンスは稀だろうが、自家製の北欧ヨーグルトを作るための種菌はインターネットで購入できる。

アフリカ大陸には数種類のヨーグルトがあり、乳糖不耐症の人が多いこの地域では重要な栄養源となっている。ケニアの「ムルシク」は、くり抜いたヒョウタンの中で醗酵させたヨーグルト飲料だ。牛乳やヤギ乳を注ぐ前に、その地に生えていて防腐作用がある木の灰をヒョウタンの内側に塗り広げる。数日間醗酵させた後で乳清を取り除き、風味づけに灰を加えてからヒョウタンを激しく振る。これでやや灰色がかった青色の、絹のような質感と酸味を持つ飲料のでき上がりだ。

「アマシ」と呼ばれる南アフリカのヨーグルトは醗酵乳から乳清を取り除いた濃厚醗酵乳で、一般的には穀物や粥にかけて食べる。ズールー族の間で力と忍耐の源と見なされている食べ物だが、ネルソン・マンデラの興味深いエピソードでも知られている。マンデラは白人居住区に身を隠していた頃、アマシを食べたくて我慢できず窓辺に牛乳を置いて醗酵させたという。アパルトヘイト時代、これは普通はありえない行為だった。もしこれを近隣の白人住人に見られでもしたら、その家にアフリカ系の人物がいると気づかれてしまうからだ。案の定、白人居住区になぜ醗酵乳があるのかといぶかしがる労働者たちの声を耳にして、マンデラは見つからないように急いでその場所を去ったという。

「ギリシャ」という語は文字通りヨーグルト界では有名な名前だが、「もどき」製品が横行していることもまた周知の事実だ。本物が食べたければ、本場ギリシャで製造された水切りヨーグルト、ストラギストを試すべきだろう。このおいしいヨーグルトは多くのギリシャ料理のレシピに登場す

ギリシャではザジキは前菜（メゼ）として、またソースにも使われる。

るが、最も有名なものは、キュウリをすりおろして水分を切り、ヨーグルト、すりつぶしたミント、オリーブオイル、塩、レモン果汁を加えて混ぜるだけのシンプルな料理「ザジキ」だ。ライタと同じく、すべての材料の味が融合したザジキはボリュームのある大半のギリシャ料理と相性がいい。ギリシャは「ギリシャヨーグルト」の名称を商標登録していないが、EUは「ギリシャヨーグルト」と表示して販売している国に対し、消費者の誤解を招く恐れがあるとして定期的に制裁措置をとっている。ほかにも、ギリシャ人にとってヨーグルトがいかに大切な存在かを示すエピソードがある。1948年、当時のギリシャ首相セミストクリス・ソフリスは死の床で最後の食事をしたいと言い、ビール2杯、スープ1杯、そして大好物のヨーグルトを飲み干したそうだ。

アラブや中近東ではヨーグルトは「ザバディ」、「ラ

ラブネーの入った容器を頭に載せたエルサレムのアラブ人女性。フェリックス・ボンフィルス撮影、1890年頃。

バン・ザバディ」、「ローバ」、「ラバン・ライブ」など、さまざまな名前で呼ばれている。この地域のヨーグルトの歴史は古く、前回作ったものを種菌に利用し、高温加熱した水牛乳でヨーグルトを作ってきた伝統がある。中近東のヨーグルトの特徴は、表面に被膜が張り、脂肪分の多い濃厚なクリーム層が上部にできることだ。ヨーグルトはラマダーンの断食に深い関係のある食べ物で、喉の渇きを防ぐ効果があると言われている。

中東で最も有名なヨーグルトは「ラブネー」だろう。クリームチーズのようなしっかりとした食感のラブネーは中東ではおなじみの乳製品で、ドイツやスラブ文化圏で人気のあるチーズ風ヨーグルト「クワルク」によく似ている。よく水切りしてから塩を加えて乳清を除去したラブネーは、ディップやピタに塗るクリームとして人気があり、またスパイシーな香りが混じり合ったザータル［中東のミックススパイス調味料］と共に、軽食には必ずと言っていいほど登場する。イスラエルでは、イチジクやハチミツとラブネーを混ぜて炒めたり、穀物と和えたりするなど、サラダには欠かせない材料だ。受賞歴のあるシェフで、イスラエル料理の非公式大使でもあるマイケル・ソロモノフは、イスラエル料理の基本的な食材としてタヒニ［ゴマペースト］やレモンと並んでラブネーを挙げている。

前述した通りトルコには有名なザジキというディップがあるが、他の中東の国にもキュウリ、ネギ、ハーブを使った「マースト・ヒヤール」というヨーグルトディップがあり、口内をすっきりさせる効果がある。軽くさわやかな味で、グリル肉のつけ合わせにも最適だ。また、ラム肉や牛肉、

ヨーグルトと、中近東料理でおなじみの緑トウガラシを原料にした出来立てのスクッグ。融合しておいしい味が生み出される。

バイソン肉を使ったアラビア料理「シャクリーヤ」にもヨーグルトは必須で、料理に酸味とこくを加える。また、チキンカレーに加えればまろやかな辛さになるし、伝統的なレバント地方の朝食――スパイシーなヒヨコ豆を詰めた香ばしいピタパンにも不可欠だ。塩気のあるヨーグルトならタマネギ、サヤエンドウ、コリアンダー、ターメリック、カルダモン、レッドペッパーフレークと混ぜれば完璧なダールが完成し、中東で入手できる大半の穀物に合うおいしい料理になる。

ちょっと変わったヨーグルトの使い方といえば、ヨルダンの国民食「マンサフ」だ。マンサフはジャミード（醱酵させた乾燥ヨーグルト）をブイヨンにして酸味のあるソースを作り、この中で煮こんだラム肉を薄く平たいパンの上にたっぷりと盛りつけた料理だ。この地域の伝統的な祝事にはマンサフがつきもので、人々は食卓を囲み、左手を背中にまわして右手の3本の指だけを使って米とマンサフを食べる。

中東ではデザートもヨーグルトが主役で、こちらは特別な行事がなくても好きなときに楽しむことができる。「ハレーサ」（北アフリカのチリペースト「ハリッサ」とはまったくの別物）はヨーグルト、香ばしいアーモンド、甘いローズウォーター、レモン少々を加えたセモリナ粉のケーキで、自宅でも作れるヨーグルトデザートだ。

ヨルダンの国民食マンサフには、ヨーグルトがふんだんに使われている。

レモンの酸味とヨーグルトの風味が詰まった、黄色が印象的なケーキ。中近東のセモリナ粉を使ったこのデザートは最強だ。

◉統計からみたヨーグルト事情

このように世界各地で人々はヨーグルトを楽しんでいるわけだが、その食べ方は国によってさまざまだ。ここからは、DSM（食品酵素や原材料を製造販売するグローバル企業）が2016年に主要6か国の男女6000人を対象に行った調査の統計結果を駆け足で見ていこう。フランスでは全体の73パーセントがヨーグルトをそのままデザートとして楽しみ、トルコでは77パーセントが温かい食事と組み合わせている。ポーランドでは51パーセントがフレーバーヨーグルトを好み、おやつとして食べている。中国では大半が飲むヨーグルトを選んだ。飲むヨーグルトの中国市場はこの10年間で110パーセント以上の成長率を遂げており、この調査でも食べるタイプを選んだのはわずか11パーセントだった。また、健康効果を期待してヨーグルトを購入したのは6か国全体では50パーセント足らずだったのに対し、中国の割合は83パーセントと最も多かった。2013年から2017年にかけて中国のヨーグルト消費量が108パーセントも増加したというのも納得の数字だ。ブラジルでは55パーセントがヨーグルトをシリアルと一緒に食べており、フレーバーヨーグルトを選ぶ人は45パーセントだった。アメリカでは、ヨーグルトは毎日食べるものという認識にはまだ至っておらず、毎日食べると答えた人はわずか6パーセント、種類別ではギリシャヨーグルトが最も多く36パーセントを占めた。食べる時間については、朝食時と答えた人がドイツ、イタリア、ポーランドで多かったが、割合でみるとアメリカの93パーセントが最も多い。イギリス人もヨーグルトを食べるが、昔に比べるとその量は減少しているようだ。

２０１８年の『テレグラフ』紙の記事によれば、子供を含めたイギリス人のヨーグルト消費量は近年大幅に減少している。一方、フランス人はイギリス人と違い、１日のうちヨーグルトを一度も食べないということはありえない。彼らにとって、ヨーグルトはもはやひとつの宗教だ。「My French Life（私のフランス生活）」（www.myfrenchlife.org）というインターネットサイトの執筆メンバーでジャーナリストのジャクリーヌ・デュボワ・パスキエがくれたEメールには、「フランス式食生活の風景」と彼女が呼ぶ現代の食環境でヨーグルトが果たす役割について、「ヨーグルトは昔からチーズと同じくらい重要な存在でした」と書かれていた。フランスをはじめとするヨーロッパの多くの家庭では、ひとり当たり年間30キロという驚くべき量のヨーグルトが消費されている（アメリカでは6・5キロ、カナダでは10キロ）。フランスではミレニアル世代がさまざまな種類の植物性ヨーグルトを開拓しているが、パスキエによれば全体として健康のために「味」を犠牲にしてもよいと考える人はそう多くないとのこと。新しいタイプのヨーグルトが次々に発売される昨今、こうした数字や傾向は続くのか今後の動きに注目したい。

第8章◉自家製ヨーグルトの作り方

ちいさなマフェットじょうちゃん
ちいさないすにすわって　ミルクのおかしをたべていた
するとクモがやってきて　となりにすわった
マフェットじょうちゃん　すたこらにげだす
――『マザーグース』より

この詩のもとになった17世紀フランスの童謡に登場するちいさなマフェットじょうちゃんが「ミルクのおかし」を置いて逃げ出したのは、おかしはまたいつでも家で作れるとわかっていたからだろうか？　店の乳製品コーナーには数え切れないほどの商品が並んでいるが、ヨーグルト好きを自認する人は一度は手作りしてみてはどうだろう？　アメリカの哲学者ラルフ・ワルド・エマーソンの言葉を借りれば、「自然のペースに適応しよう。その秘訣は忍耐だ」[1]。この言葉は種菌からヨーグルトを培養し、余分なものを排除して自分好みの味と食感を追求するという禅にも似た工程を見事に表現している。目指すのは砂糖、塩、増粘剤、調整剤を一切使用せず、純粋で、まろやかな酸味と豊かなこくのあるおいしいヨーグルト。

美しい料理本『中東料理新書 *The New Book of Middle Eastern Food*』のなかで、著者クラウディア・ローデンはこう説明している。「少し経験を積めば、ミルクをヨーグルトに変えるための効率よい準備の仕方や正確な温度がわかるようになる。準備自体はとても簡単だが、うまく作るためには適切な条件が必要だ。この条件がすべて満たされたとき『魔法』は必ず成功する」[2]。では、自分だけのおいしいヨーグルトを作る方法を、リズムのいい呪文に沿って紹介していこう。すなわち「種菌を選ぶ、温める、植菌（しょっきん）する、培養する、冷蔵する、種菌にする」！

●種菌を選ぶ

牛乳を原料とする場合、事前に準備しておく材料は次の通りだ。まず、最も重要なのは新鮮な牛乳と新鮮な種菌。濃厚でこくのあるヨーグルトを作るなら全有機牛乳が適しているが、好みに応じて脱脂粉乳や低脂肪乳を使ってもいい。加工乳を使う場合は、脱脂粉乳を加えると硬さが増す。また、牛乳にクリームを加えるといま流行りの贅沢で濃厚なヨーグルトができる。超高温で殺菌された牛乳［１２０度程度で殺菌されたもの。日本ではこの殺菌方法が主流］や限外濾過（ろか）乳［余分な脂肪や糖などを除去し、タンパク質を濃縮した牛乳］は使用しない。高温で加熱処理される過程で、牛乳に含まれる大半の酵素の活性が失われるからだ。加熱殺菌を一切していない生乳を使うことは不可能ではないが、非加熱ゆえに有害な細菌を含んでいることもあり、また種菌と競合する可能性も出てくる。ただし、この認識に異論を唱える生乳派もいるので、何がベストかは自分で判断してほしい。牛乳の代替品や植物性ミルクを使用する場合は理想の食感や粘り気を出すのに少し苦労するが、基本的には何を選んでも適切な種菌を加えればちゃんと醱酵する。種菌については、生きた活性菌を含む市販のプレーンヨーグルトを利用することもできるし、さまざまな種類の種菌を健康食品店や信頼できるオンラインショップで購入することもできる。

◉温める

ヨーグルトを作る鍋はなんでもいいが、ステンレス製のものを使うとミルク（ここでは使用する乳原料の意味）の温度が上がりすぎるのを防ぐことができる。ミルクを入れる前に、鍋に氷を数個入れて冷やしておくのもおすすめだ。仕上がりをよくするためには80℃までゆっくりと加熱する必要がある。ミルクのタンパク質が熱変性（分解）してきれいに固まり、競合菌も死滅したら、種菌を加えて魔法をかける準備は完了だ。

より濃厚なヨーグルトを作る場合は少なくとも10分、最長で30分ミルクの温度を80℃に保っておく。そうすれば十分こくが出るはずだ。また、脱脂粉乳を加えて濃厚なヨーグルトを作る方法もあ

ヨーグルトの加熱に必要なのは忍耐力、ステンレス製の鍋、熱を通さないスプーン、そして温度計。

自家製ヨーグルトの副産物、熱した牛乳の表面に張る被膜も捨てずに活用しよう。

る。目安はミルク2リットルに対して115グラムだが、最終的にはそれぞれの好みでいい。ミルクを少し少なめにしてクリームを足しても、粘り気が出て濃厚な味になる。この工程では温度計があると便利だが、加熱温度が適切かどうかは見た目でも判断可能だ。膜が張って小さく泡立ち出したら沸騰直前の合図であり、ミルクが十分加熱されていることを意味する。熱しながら時々かき混ぜ、できた膜を取り除く。余談だが、イギリスでは多くの人がこの膜を捨てずに取っておき、クロテッドクリームのようにスコーンに塗って食べる。また、インドではこの膜は「マライ」と呼ばれ、紅茶やミルクに入れればいつもより贅沢な飲み物になる。もしミルクを熱しすぎても心配はいらない。火を弱めて80℃まで温度を下げ、そこからまたスタートすればいい。この工程が完了したら、ミルクを冷ましてから植菌に移ろう。

◉植菌する

ミルクを適切な温度で加熱してタンパク質が分解されたら、いよいよ種菌の登場だ。この種菌を加える作業が、ヨーグルト作りの最も重要なポイントとなる。まず、鍋を火から下ろしてミルクを45℃まで冷ます。冷めきらないうちに種菌を入れると熱で種菌が死滅するし、逆に冷めすぎていたら醗酵は進まない。短時間でミルクを冷ます方法はいくつかあり、冷水を張った容器やシンクに鍋をつけるか、膝や肩を痛めたときに使う凍ったジェルパックで鍋を包んでもいい。ただし、温度が

ストップウォッチをセットし、温度計で測りながらミルクを適温まで冷ます。

50℃に達した時点で鍋を取り出す（またはジェルパックを外す）こと。その後しばらくは冷却効果が続くため、あまり長く冷やすと最終的に45℃を下まわってしまうからだ。時間がかかってもよければ鍋を火から下ろし、本を読んだり食器棚を片づけたりして45分ほど時間をつぶす。その間にミルクは適温になり、種菌を加える準備ができているはずだ。時々は温度計で測ったり清潔な指を鍋に入れたりして、定期的にミルクの温度をチェックしよう。10秒ほど指を入れたままにできれば、ミルクは適温まで冷めている。どの方法を使うにしろ、ストップウォッチをセットしておけばミルクが冷めるまでの時間がおおよそわかる。そうすれば、次からはタイマーをかけておけば大丈夫だ。

市販のヨーグルトを種菌にするなら、ミル

クが冷めるのを待つ間にヨーグルトを冷蔵庫から取り出し、ミルク2リットルに対し大さじ2杯の割合で小さなボウルに入れておく。フリーズドライの種菌の場合は、メーカーの取り扱い説明書の指示に従おう（使用前に活性化が必要なものもある）。作るヨーグルトの分量はあまり欲張らず、一回につき2リットル以下が無難だ。ミルクが多すぎると加熱中や培養中に適切な温度を保つのが難しくなる。また、ヨーグルトがおいしくなると思って種菌を規定量以上入れる人がいるが、これも止めたほうがいい。乳酸菌の量が増えすぎて逆に醱酵が進まなくなる。さて、適温になったミルクをお玉一杯分すくってあらかじめ用意していたヨーグルトに加え、よく混ぜたらそれをミルクの鍋に戻そう。ヨーグルトを少しずつ混ぜることで、温かいミルクにヨーグルトをなじませることができる。

●培養する

ヨーグルトの培養には、まさに忍耐が試される。ヨーグルトは35℃から45℃で少なくとも5時間、最大で12時間ほど、邪魔にならない暖かい場所で寝かせなければならない。培養の方法はたくさんあるのでいくつか試してみて、自分に合ったやり方を見つけるといいだろう。オーブン内のライトをつけて培養する方法は、庫内が温まって醱酵に適した温度を保つことができるためかなり確実だ。培養するための容器（しっかり洗った清潔なもの）に種菌を加えたミルクを入れたらふたをしてタ

このヨーグルトメーカーは熱心なヨーグルトファンの手作りだ。下からの熱だけでヨーグルトを醱酵させる。

オルで包み、ライトをつけたオーブンに入れて規定の時間寝かせておく。家族が間違ってオーブンのスイッチを入れてしまうとせっかくのヨーグルトが台無しになるので、オーブンには必ずメモを貼っておいたほうがいい。

ほかには低めに設定した保温パッドで容器を包む方法や、熱い湯を入れた瓶をポリスチレン製のクーラーボックスに数本詰め、その中にヨーグルトの容器を入れて適温を保つ方法がある。また、魔法瓶にヨーグルトを入れて規定の時間温めたり、最低温度に設定したコーヒーウォーマーやホットプレートの上に容器を置いたりして醗酵させる人もいる。始める前に自分が選んだ方法だとどのくらいの温度になるかを必ずチェックし、高すぎたり低すぎたりしていないか確かめよう。加熱の必要がない中温菌を種菌にした場合は、室内で20℃~45℃を保てば、約12時間で醗酵が完了する。もちろん、電気圧力鍋やヨーグルトメーカーは一番確実な方法で、簡単に作ることができるはずだ。もし手元にあれば、取り扱い説明書に従って作ってみよう。

培養から5~6時間経ったら確認が必要だ。容器を揺らしてみてヨーグルトが側面から離れ、粘り気があり、表面または凝乳が分離した部分に液体（乳清）が見られ、あの独特の匂いがしたらヨーグルトの完成だ。もう少し長めに寝かせておけば、より濃厚な味になる。10億個の微生物はいつでも常に同じ味を生み出すわけではなく、種菌の特徴や培養する温度、ミルクを寝かせておく時間などによって、ときには酸味が強くなったり少し水っぽくなったりすることもある。ヨーグルトはごくありふれた食べ物かもしれないが、作る度に微妙に違う味になるという楽しい発見がある。

スプーンをヨーグルトに挿して倒れなかったら、濃厚でクリーミーなヨーグルトのでき上がり。

完璧とは言えなくても、自分で作ったヨーグルトは市販のヨーグルトよりおいしいと感じることだろう。そして、タイミングと手順さえ覚えてしまえば、次からはもっと手際よく作れるはずだ。種菌の種類を変えるとまったく違うヨーグルトができる。ブルガリア風、フィンランド風、伝統的なヨーグルト、ギリシャ風など、自分の好みに合ったものを探してみるのも楽しいかもしれない。

◉冷蔵する

できたヨーグルトをすぐに試食するのはお勧めしない。絶対にがっかりするからだ。容器に入れたままヨーグルトを1時間ほど置いておこう。ヨーグルトは温度の変化に弱いため、こうやって冷ましてから冷蔵庫で冷やし固めたほうがいい。冷えて食べ頃になったと思ったらダマができていた、ということもある。そのときは氷を1～2個入れてかき混ぜるとダマが消える。これはよくあることで、ミルクを加熱するスピードが速すぎたり、培養時間が長すぎたり、温度が高すぎたりした場合に起こる現象だ。逆にヨーグルトがうまく固まらなかった場合は、次回ミルクを80℃で寝かせる時間を少し長くするか、もっとゆっくり加熱してみよう。また、種菌が弱すぎたり、培養を終了するのが早すぎたりしても同様の問題が起こる。繰り返しになるが、ヨーグルト作りには忍耐が不可欠で、「成功しなかったら何度も挑戦する」という気持ちが大切だ。

通常ヨーグルトは冷蔵庫で2週間ほど保存できるが、日にちが経つにつれて痛みが進む。鼻に

乳清の除去に必要なのはフィルター、ストレーナー、ボウル、そして時間。

つんとくる臭いがしたり、見た目や味が変わっていたりしたら、そのヨーグルトは腐っている。ヨーグルト作りの基本は「量は少なく、回数は多く」だ。冷凍保存の場合は、約2か月間は問題ない。

　自家製ヨーグルトで簡単にギリシャ風ヨーグルトを作ることもできる。用意するものはガーゼなどのこし布、モスリンまたは大きめのコーヒーフィルター、ストレーナー［漉し器］、そして搾った乳清を入れるボウル。作り方は、ストレーナーに好みのフィルターを取りつけ、ボウルの上に置くだけだ。3時間以内で漉す場合は常温でもかまわない。水切りで乳清の20パーセントを除去するには1時間、50パーセントなら3～4時間、ほぼすべての乳清を取り除くには8時間から一晩かかる。また、塩を加えて24時間冷蔵庫に入れておくと、濃厚なヨーグルトチーズのラブネーができる。

取り除いた乳清は捨てずに取っておこう。厳密に言えば乳清は脂肪分と固形分をすべて取り除いたミルクなので、乳糖が含まれている。タンパク質たっぷりのスムージーや乳酸醱酵の野菜を作るときや、肉や鶏肉をマリネにするときに活用すればいい。ほとんどの料理では水などの水分を乳清で代用しても問題はなく、栄養分と軽い酸味を加えることができる。動物の骨や野菜と乳清を乳清で数時間煮こめば、自家製ストックの素にもなる。

乳清の活用法はこれだけではない。乳清には窒素が多く含まれているため家庭菜園の肥料代わりになり、酸を必要とする植物には特に最適だ。また、植物にスプレーすればカビの発生を防ぐことができる。どうやら母なる自然も乳清の力には太刀打ちできないようだ。ヨーグルト製造会社の多くは、ウシのエサとして乳清を酪農業者に販売している。ウシはヨーグルトの原材料である牛乳を生産するわけだから、これこそペイフォワード［誰かから受けた恩を別の人に与えることで親切の輪をつないでいくこと］の見本かもしれない。

また、長湯が好きな人に朗報がある。乳清は肌をやわらかくする効果があると言われ、クレオパトラも乳清入りの、いわゆるミルク風呂に入っていたそうだ。騙されたと思って、一度試してみてはどうだろうか。

◉種菌にする

次回の種菌として、ヨーグルトを60ミリリットル忘れずに取っておこう。果物や甘味料を入れる前に取り分けておかないと種菌として使えなくなるので、注意が必要だ。種菌にするヨーグルトは密封容器に入れて冷蔵庫で7日間、冷凍庫で2か月間保存できる。冷凍の場合は使用する前に解凍しておくこと。また、冷蔵庫保存で7日を過ぎたらそのヨーグルトを種菌に使うのは止めたほうがいい。密閉容器に日付を書いた紙を貼っておけば、古い種菌をうっかり使わずにすむ。市販のヨーグルトから作った普通の種菌は6、7回の種継ぎが限度で、それ以降は培養する能力を失う。そうしたら新しいヨーグルトを買って、また最初から自家製ヨーグルトを作ればいい。濃度が高く、多くの種類の菌を含む高品質の種菌ならほぼ永遠に種継ぎができる。たとえるなら、普通の種菌は何度か引っ張ったら切れてしまう糸で、高品質の種菌は横糸と縦糸がしっかり組み合わさったクモの巣のようなものだ。ほかにも以下の項目に気をつければ、誰もが夢中になるようなおいしいヨーグルトが完成するだろう。

・すべきこと

1　新鮮な原材料を使う。

2　辛抱強く待つ。

3　いろいろな乳原料を試してみる。
4　いろいろな種菌を試してみる。
5　自家製ヨーグルトを定期的に作る。

・してはいけないこと

1　先を急ごうとする。
2　待っている間にヨーグルトにさわったり容器を揺らしたりする。
3　完成したヨーグルトにいろいろなものを入れすぎる。
4　次回のために種菌を取り分けるのを忘れる。
5　がっかりする。

さまざまな種菌の種類や植物性ミルクの醱酵方法、トラブル解決法などをネットで検索するときは、信頼性のあるサイトを厳選しよう。誰もが気軽にインターネットを利用する現代では、多くの誤った情報が出まわっているからだ。著者のウェブサイト（www.junehersh.com）にもヒントになりそうな記事を載せているので、気軽に利用していただきたい。加熱方法から種菌の保存方法、そしておいしいヨーグルトに夢中になる方法まで、きっと役に立つ情報が見つかるはずだ！

終章◉ヨーグルト万歳!

この本を書き始めるまで、正直に言うと私はヨーグルト好きというほどではなかった。典型的なアメリカ人の例にもれず、ヨーグルトは私にとって毎日の食生活の一部ではなく、オムレツやパンケーキを作る時間がないときに手っ取り早く食べる朝食でしかなかったのだ。でも、それは昔の話。古くから伝わるこの食べ物について調査し、自ら数えきれないほどの量を手作りした結果、今や私は立派なヨーグルト信者だ。

ヨーグルトほど豊かな歴史を持ち、進化し続けてきた食べ物を私はほかに思いつかない。幅広い文化的アイデンティティ、繰り返し作れるという特性、厖大な選択肢と多様性を持つヨーグルトは、実に稀な存在だ。何百万もの微生物を腸内に送りこむヨーグルトが生活の一部となった人なら、この食べ物には多くの楽しみ方があること、健康で楽しい毎日をサポートするという科学的証拠が正しいことを実感するだろう。ヨーグルトは人類が直面しているすべての病気を解決する万能薬では

田舎の春の日のようにさわやかなヨーグルトセミフレッドは、多くの人に喜ばれる一品だ。

ないが、無理なくマイクロバイオームを強化する簡単でおいしい方法であることは確かだ。また、乳糖に耐性のない人にとっては完璧なタンパク質源であり、幼児にとっても理想的な食べ物であり、料理やお菓子作りではあまり健康的ではない食材の代替品にもなる。ヨーグルトは肉食主義者も菜食主義者も満足できる食品であり、しかも家庭で簡単に、そして無限に作って食べることができるのだ。

今後ヨーグルト業界がどうなっていくのか、10年後に乳製品コーナーがどう変わっているか、興味は尽きない。従来の乳製品に代わって、植物性やヴィーガン向けのヨーグルト商品が多数を占めているだろうか？　風変わりなフレーバーが、現在トップのストロベリーを抜いて流行るだろうか？　飲むヨーグルトがカップ入りヨーグルトを上まわる日が来るだろうか？　砂糖過多の不健康な商品はどの世代にもそっぽを向かれ、製造数が減ったり販売中止になったりするのだろうか？

マイケル・ポーランは2008年の代表作〔日本では2009年に出版〕『ヘルシーな加工食品はかなりヤバい』〔高井由紀子訳／青志社〕のなかで、「あなたのひいおばあちゃんが一見して食べ物とわからないものは食べてはいけない」と呼びかけている。[1]「偽物」を避け、先祖代々のルーツに立ち返って醱酵食品を手作りしてみてはどうだろう？　製造過程で多くの二酸化炭素を排出する加工食品はやがて過去のものとなり、ヨーグルトなど持続可能な機能性食品が世界でさらに急成長を遂げる日が来るかもしれない。善玉菌が豊富で乳糖を含まないエネルギー源を求めている東南アジア市場が引き金となり、また健康効果を裏づける研究が増えるにつれ、ヨーグルトはコンブチャ〔紅茶に砂糖を加え、有機酸や酵母菌で醱酵させた飲料〕やカリフラワーライス、オーツミルクラテなどに代わってさらに注目を集めるかもしれない。

新石器時代から現代へ、そしてその先へ、ヨーグルトを楽しむ次の千年に幸あれ。私たちも元気でヨーグルトを楽しもう！

謝辞

本書も、そしてそれ以前の著書も、私の文学の守護天使アンドリュー・F・スミスの導きと支えがなければ完成することはなかっただろう。常に見守ってくれ、本書の執筆にあたっては私の料理への関心を別の視点から活かすようアドバイスをくれた彼に感謝したい。リアクション・ブックスの編集チーム、特にハリー・ギロニス、アレックス・チョバヌ、エイミー・ソルター、マイケル・リーマンは遠くイギリスから、アメリカに住む私をあらゆる面で導いてくれた。最初の頃ヨーグルト作りにつき合ってくれた信頼できる味見役（そして愛する孫）のヘンリー、デイジー、アリア。水っぽかったり、味が薄かったり、酸味が強すぎたり、または足りなかったり――3人はそんなヨーグルトを文句も言わず食べてくれた。最終的には合格点をもらい、私はヨーグルト作りを毎週の習慣にしようと決めたのだ。ダノン・ノースアメリカ社の社外広報本部長マイケル・ニューワース、シギーズの創業者シギ・ヒルマルソン、イリヤ・メチニコフの伝記作家でこの分野の専門家であるルーバ・ヴィカンスキー、ピーク・ヨーグルトの創業者エヴァン・シムズ、ジストニア医学研究財団の首席科学顧問のジャン・テラー、そしてインターネットサイト「My French Life」の執筆メンバーで調整係を務めるジャクリーヌ・デュボワ。わざわざ時間を割き、多岐にわたる側面からヨーグルトの知識や情報を教えてくれたことにお礼を申し上げたい。最後に、夫であるロンの愛と支え、そしてあの見事な片づけ能力なくしては、私の本は1冊も完成しないはずだ。ヨーグルトで頭がいっぱいのときも、この44年間いろんなことに奮闘していたときも、彼は私の歩みを照らしてくれた。

訳者あとがき

みなさんは「ヨーグルト」と聞いて、まず何を思い浮かべるでしょうか? 私の知人、友人に尋ねてみたところ、多かったのはやはり「腸活」、「ビフィズス菌」、「乳酸菌」、「プロバイオティクス」など健康に関するワードでした。厚生労働省が開設している健康情報サイト〈e－ヘルスネット〉の「腸内細菌と健康」というページにも、ヨーグルトは腸内の善玉菌の割合を増やす食品の筆頭に上がっています(https://www.e-healthnet.mhlw.go.jp/information/food/e-05-003.html　2021年8月30日アクセス)。手軽に摂取できる健康食品として私たちの生活にすっかり定着したヨーグルト。この食べ物が誕生し、その効能が広く浸透した経緯はどのようなものだったのでしょう?

ヨーグルトの起源は、アナトリア(現在のトルコ)で牧畜が始まった新石器時代にまでさかのぼります。搾りたての乳を動物の腸管で作った袋に注いで保存したのがきっかけだとする説と、乳を入れた容器を日光が照りつける場所で保管していたため発酵が進んだという説があるそうですが、いずれにしてもヨーグルトの誕生は「偶然の産物」でした。著者ジューン・ハーシュ氏の言葉を借りれば、この自然の化学実験は「乳が乳糖をほぼ含まず、日持ちし、栄養価の高い別の食料に変わるという驚くべき発見」（第1章「ヨーグルトの起源」より）だったと言えます。

古代ギリシャの「医学の父」ことヒポクラテスがヨーグルトに言及して「すべての病気は腸から始まる」と記し、多くの宗教書にヨーグルト（凝乳）が登場することからも、多くの地域ですでにヨーグルトは身近な食べ物であり、その健康効果が知られていたことがうかがえます。もっとも、ヨーグルトの効能が本格的に研究、実証されるようになったのは19世紀末になってからです。その先駆者が1908年にノーベル賞を受賞したロシアの生物学者メチニコフで、「老化は腸内の有害な細菌が原因」だとしてヨーグルトの摂取が健康と長寿につながると主張しました。本書42ページの風刺画にあるように当時は否定的な意見もあったようですが、彼の研究がきっかけでヨーロッパにヨーグルトが広まったことは確かでしょう。

では、日本でヨーグルトが広まったのはいつ頃でしょうか？　本書では「明治乳業（現在の株式会社明治）が1971年に初めてプレーンタイプのヨーグルトを発売したことを契機に、日本はヨーグルト市場に本格的に参入した」とあります（第7章「世界のヨーグルト事情」より）。もう少し詳しく知りたいと思い、複数の書籍やインターネットサイトで調べた結果、明治時代に整腸剤として一般に売られるようになったことがわかりました。食品としては、大正6年（1917年）に広島合資ミルク会社（現在のチチヤス株式会社）が「ヨーグルト」の名で初めて販売を行っています。ただし当時はかなりの高級品で、一般に広く流通していたわけではなかったようです。いろいろなフレーバーやトッピングを楽しむことのできる現在のヨーグルトは、当時の人々からすると夢のような食べ物かもしれませんね。

著者は、もともとヨーグルト好きというほどではなかった、と告白しています。でも、「古くから伝わるこの食べ物について調査し、自ら数えきれないほどの量を手作りした結果、今や私は立派なヨーグルト信者だ。ヨーグルトほど豊かな歴史を持ち、進化し続けてきた食べ物を他には思いつかない」（「終章」より）。本書を読み終えた皆さんも、きっとこの言葉に共感されるのではないでしょうか。

本書『ヨーグルトの歴史 *Yoghurt: A Global History*』はイギリスの Reaktion Books が刊行している The Edible Series の1冊です。２０１０年に料理とワインに関する良書を選定するアンドレ・シモン賞の特別賞を受賞したシリーズで、邦訳版では「食の図書館」および「お菓子の図書館」シリーズと命名されています。身近な食材を取り上げた読み応えのあるシリーズですので、ぜひ他の本も手に取っていただければ嬉しく思います。

最後になりましたが、今回も貴重な数多くのアドバイスをくださった担当編集者の中村剛氏に心から感謝申し上げます。

２０２１年9月

富原まさ江

写真ならびに図版への謝辞

図版の提供と掲載を許可してくれた以下の関係者にお礼を申し上げる。なお，一部の施設・団体名の表記を簡略化させていただいた。

Photo Jennifer Abadi: p. 107; photo Muhammad Irshad Ansari: p. 94 (top); Bibliothèque nationale de France, Paris: p. 31; The British Museum, London: p. 13; photo courtesy Laurie Duncan/ barkleydoodles.com: p. 70; photo Anna Frodesiak: p. 116; photo hbieser/Pixabay: p. 27; photos June Hersh: pp. 45, 47, 55, 56, 57, 60, 62, 64, 67, 93, 111, 112, 114, 117, 119, 123; courtesy Christiann MacAuley/stickycomics.com: p. 77; The Metropolitan Museum of Art, New York: pp. 14, 18; photo courtesy Miss Kiki Salon/cardamomanddill.com: p. 104; Nationaal Archief, The Hague: p. 35; The National Photo Collection, Government Press Office Photography Department, Jerusalem: p. 105; courtesy Mariana Ruiz Villarreal: p. 50; photos Shutterstock.com: pp. 6 (sundaemorning), 21 (ozgurshots), 25 (keko64), 61 (Alp Aksoy), 65 (Ievgeniia Maslovska), 69 (JeniFoto), 73 (David Tonelson), 86 (Stoyan Yotov), 87 (Alex-VN), 91 (Dipak Shelare), 92 top (Digi-ConceptInc), 92 foot (StockImageFactory.com), 94 foot (Skilful), 95 (Joanna Wnuk), 97 (Nelladel), 106 (bonchan); photo Marcin Skalij/Unsplash: p. 142; Victoria and Albert Museum, London: p. 12.
Ninara, the copyright holder of the image on p. 100, has published it online under conditions imposed by a Creative Commons Attribution 2.0 Generic License. Ivan Ivanov, the copyright holder of the image on p. 32; Nikodem Nijaki, the copyright holder of the image on p. 103; and Tsvetan Petrov (CvetanPetrov1940), the copyright holder of the image on p. 84, have published them online under conditions imposed by a Creative Commons Attribution- ShareAlike 3.0 Unported License. Ask27, the copyright holder of the image on p. 29; E4024, the copyright holder of the images on p. 99; Goumisao, the copyright holder of the image on p. 8; Luis Bartolomé Marcos (LBM1948), the copyright holder of the image on p. 16; and Skubydoo, the copyright holder of the image on p. 28, have published them online under conditions imposed by a Creative Commons Attribution-ShareAlike 4.0 International License.

参考文献

Cornucopia Institute, 'Culture Wars: How the Food Giants Turned Yogurt, a Health Food, into Junk Food' (November 2014), available at www.cornucopia.org

Denker, Joel, *The World on a Plate: A Tour through the History of America's Ethnic Cuisines* (Boulder, CO, 2003)

Fisberg, Mauro, and Rachel Machado, 'History of Yogurt and Current Patterns of Consumption', *Nutrition Review*, LXXIV/1 (August 2015), pp. 4-7

Fona Institute, 'What's Next for Yogurt: A Global Review' (November 2017), available at www.fona.com

Hoffman, Susanna, *The Olive and the Caper: Adventures in Greek Cooking* (New York, 2004)

Kurlansky, Mark, *Milk! A 10,000-year Food Fracas* (New York, 2018) [マーク・カーランスキー著『ミルク進化論 なぜ人は，これほどミルクを愛するのか？』髙山祥子訳／パンローリング株式会社／2019年]

Mendelson, Anne, *Milk: The Surprising Story of Milk through the Ages* (New York, 2008)

Metchnikoff, Elie, *The Prolongation of Life: Optimistic Studies* (New York, 1908)

Rodinson, Maxime, A. J. Arberry and Charles Perry, *Medieval Arab Cookery: Essays and Translations* (Los Angeles, CA, 2001)

Toussaint-Samat, Maguelonne, *A History of Food*, trans. Anthea Bell (Oxford, 2009)

Uvesian, Sonia, *The Book of Yogurt* (New York, 1978)

Vikhanski, Luba, *Immunity: How Elie Metchnikoff Changed the Course of Modern Medicine* (Chicago, IL, 2016)

Yildiz, Faith, *Development and Manufacture of Yogurt and Other Functional Dairy Products* (Boca Raton, FL, 2010)

Zaouali, Lilia, *Medieval Cuisine of the Islamic World: A Concise History with 174 Recipes*, trans. M. B. DeBevoise (Berkeley, CA, 2007)

レシピ集

◉基本的なミルクのヨーグルト

準備時間：30分以内
醱酵時間：種菌の種類によって5〜12時間
量：2リットル

- 全乳（有機乳が望ましい）…2リットル
- 生きた活発な乳酸菌入りの市販または自家製のプレーンヨーグルト…大さじ2

大きめの鍋にミルクを入れてふたをせずに中火にかけ，すぐに測れる温度計を使って80℃になるまで加熱する。被膜が張らないように時々かき混ぜながら，少なくとも10分から30分程度80℃に保っておく。鍋をコンロから外して45℃まで冷ます。その間に種菌大さじ2杯を冷蔵庫から出して小さなボウルに入れておく。ミルクが45℃まで冷めたらお玉1杯分を種菌の入ったボウルに注ぎ入れ，軽くかき混ぜてから鍋に戻す。本文に前述したいずれかの方法で醱酵させ，冷蔵庫で冷やして食べる。

……………………………………………

昔ながらのレシピ

これから紹介するのはヨーグルトを使った伝統的でシンプルなレシピの数々で，この調理法は現代にも受け継がれている。ただ，古いレシピなので今とは表記がかなり異なる部分も多い。言わば，今では擦り切れて破れた，ひいおばあちゃんの走り書きのようなものだ。分量や指示は正確とは言えないが，どの調理法も今でも十分通用する。きっと楽しんでいただけるはずだ。

◉酸乳のスープ

『ユダヤ人の料理本 *The Jewish Cookbook*』（ミルドレッド・グロスバーグ著，ニューヨーク，1947年）より

酸乳1リットルを，分離しない程度にゼリー状になるまで寝かせてから鍋に入れ，1分ほど煮る。別の鍋にバター大さじ1杯を溶かし，小麦粉大さじ2杯を加えて泡立つまでかき混ぜる。

ここに煮立てた酸乳を加えてなめらかになるまでかき混ぜたら，目の細かいふるいで漉す。スプーン1杯のメープルシュガーを振りかければ完成だ。

……………………………………………

◉ヨーグルトのサラダドレッシング

ヨーグルトが世界中に広まるにつれ，「異国風」レシピが登場するようになった。次の記事は1951年1月4日付の『ホノルル・アドバタイザー』紙に掲載されたもので，「おいしいヨーグルト・サラダ・ドレッシング」というあまりひねりのない見出しがついている。レシピにはこんな説明が書かれていた。「ディナーの客はきっと『風変わりで，これまで味わったことのない素晴らしい味――いったい何が入っているの？』と質問するはずだ。このドレッシングは，最もシンプルなサラダの素材の味を際立たせてくれる」。

マヨネーズまたはサラダドレッシング…120*ml*
(瓶入りの) ヤミ・ヨーグルトまたは好きなメーカーのヨーグルト…120*ml*
ケチャップ…60*ml*
インディアンレリッシュ［きざんだ果物や野菜，スパイスなどを調理して作る薬味］…120*ml*

すべての材料を手早くしっかりと混ぜ合わせ，塩と万能調味料で味つけする。これをレタスに載せれば出来上がり。家族の賞賛を浴びるに違いない。

……………………………………………

◉オレンジヨーグルトのアイスキャンディー

1961年6月，イリノイ州フリーポートの『フリーポート・ジャーナル』紙に「おいしく食べて健康に」という見出しで，ヨーグルトを使ったレシピが掲載された。「若者向けの健康的なおやつ」とうたったこのレシピは，シンプルだが今でも人気が高い。

若者向けの健康的なおやつの作り方：小さな缶1個分のオレンジジュースを凍らせたものと300*g*弱のヨーグルトを混ぜる。小さな紙コップに注ぎ，アイススティック棒を差して凍らせる。

……………………………………………

◉ヨーグルトと大麦のスープ

アルメニア人はヨーグルトと大麦を混ぜ合わせた料理が大好きだ。ヨーグルトと大麦のスープははるか昔からこの国で飲まれており，私はアルメニア出身の友人ジル・チャブシアンに作り方を教えてもらった。ジルの姑にあたるマージ・チャブシアンが，1905年にトルコのスィヴァス出身の母から教わったレシピとのこと。1915年の大虐殺を耐え抜いたアルメニアの人々にとって，古くから伝わるレシピを守り続けることは特に意味のあることだ。

1. 大麦115*g*～170*g*（½～¾ カップ）を，やわらかくなるまで45分～1時間ほどゆでる。
2. すすいで水切りをしたら，鍋の中で少し冷ます。

3. 卵2個を軽く溶き，950*ml*のプレーンヨーグルトに加える。
4. 大麦の鍋に3をゆっくりと加える。
5. 大きめのタマネギ1個分をバター（60*g*）で炒める。
6. ミントパウダー大さじ2〜3杯，きざんだパセリ大さじ3〜4杯を5に加える。
7. 4と6を混ぜ合わせて供する。時間が経ったものは食べる前に水で少し薄めるといい。

◉マンゴーラッシー

インドのパンジャブ地方出身の友人は，家族全員さわやかでおいしいラッシーを飲まない日はないと話していた。彼女の家族お気に入りのレシピを紹介しよう。分量はひとり分だ。

プレーンヨーグルト…240*g*
ミルクまたは水…120*ml*（濃厚な味が好きな場合はなくても可）
マンゴーの果肉（缶詰）…180*ml*（または種を取り除いてスライスした新鮮なマンゴー2個分）
砂糖，ハチミツ，アガベ…（各大さじ1。風味づけ程度）
塩，カルダモン…少々
きざんだミントの葉（もしあれば）

すべての材料をブレンダーに入れ，約1分またはなめらかになるまで混ぜる。

21世紀のレシピ

◉北京ヨーグルト

ヴァンの公式サイト（www.foodisa-fourletterword.com）より

準備時間：5分
調理時間：15時間
必要な器具：電気圧力鍋

（6人分）
プロバイオティクス系のプレーンヨーグルト…60*ml*
培養バターミルク…120*ml*
低温殺菌ミルク…2リットル
グラニュー糖…140*g*

1. ボウルにプレーンヨーグルトと培養バターミルクを入れ，泡立て器で完全になめらかになるまで混ぜる。ダマがなくなったら，いったん置いておく。プレーンヨーグルトはほぼどんな種類でもいいが，「ウイ」や「ファイェ」は酸味が弱く，このレシピには向かないかもしれない。
2. ミルク240*ml*と砂糖140*g*を鍋に入れる。中弱火にかけ，砂糖が溶けきるまで混ぜる。約2〜3分もあればじゅうぶんだ。火を止めて，残りのミルクを注ぎ入れる。
3. この鍋にヨーグルトとバターミルク

を加え，乳酸菌が均一になるように泡立て器で数回よくかき混ぜる。これを電気圧力鍋に入れ，ふたをして密閉する。ヨーグルトボタンを押して「ノーマルモード」を選び，15時間にセットする。または，ヨーグルトメーカーで15時間に設定する。

4. ガラス瓶を使ってヨーグルトを培養してもいい。この場合仕上がりはより濃厚になり，私はこちらのほうが好みだ。まず瓶にヨーグルトを注いでふたをし，電気圧力鍋に入れる。「ヨーグルト」のスイッチを選んで15時間にセットする。ここでも設定を「ノーマルモード」にするのを忘れないこと。
5. ヨーグルトが完成したら電気圧力鍋から内窯を取り出し，冷蔵庫で6時間以上寝かせる。この間，ヨーグルトをあまり動かさないこと（かき混ぜたり別の容器に移したりもしない）。ガラス瓶でヨーグルトを作った場合は，電気圧力鍋から瓶を取り出して6時間冷蔵庫で冷やす。
6. 冷蔵庫で冷やした後，瓶やカップなど好きな入れ物に移し替えて，ストローでいただく。

……………………………………………

◉スクッグ（中東のチリソース）入りラブネー

ケイト・バートン（イギリスのヨーク州にある地中海料理のベジタリアン向けレストラン，「カルダモン＆ディル」のオーナーシェフ）のレシピ

培養の準備時間：最低4時間
実際の作業時間：30分未満
6〜8人分

[ラブネーの材料]
ギリシャヨーグルト…500g(塩を少々加えてかき混ぜたもの)
ニンニク…3片をみじん切りにしたもの
レモン…1個（皮をむいて果汁を搾っておく）

[スクッグの材料]
コリアンダー…30g
イタリアンパセリ…20g
辛味が弱い緑トウガラシ…3本
つぶしたニンニク…2片
クミンパウダー…小さじ ½
コリアンダーパウダー…小さじ ¼
塩…小さじ ¼
エキストラバージンオリーブオイル…大さじ3
冷水…大さじ2

[ラブネーの作り方]
ヨーグルト，ニンニク，レモンの皮と果汁を混ぜる。モスリン布を敷いた漉し器をボウルに載せ，布の上にヨーグルトを置く。布の四隅を合わせてゆるく結び，涼しい場所に4時間ほど置いて水分を切る。(時間をかけるほど濃厚な味になる)。できたラブネーは密閉容器に入れ，冷蔵庫

で3日ほど保存できる。

[スクッグの作り方]

すべての材料をミニプロセッサーにかけてペースト状にする。密閉容器に入れておけば1週間ほど保存できるし，冷凍保存でもいい。皿にラブネーを盛りつけ，エキストラバージンオリーブオイルとスクッグをかけて完成。

………………………………………………

◉オートミール・ヨーグルト・パンケーキ

ウェンディ・ラハマト（トリニダード出身の料理本作家，テレビタレント，フードスタイリスト，教師，シェフ，パン職人）のレシピ。

準備時間：10～15分
調理時間：3～5分

（4人分）
無香料のヨーグルト…180*ml*
脱脂粉乳…120*ml*
オートミール…
卵…1個
バニラエッセンス…小さじ1
植物油（または溶かしバター）…大さじ1
中力粉…280*g*
ブラウンシュガー…大さじ2
ベーキングソーダ…小さじ ½
ベーキングパウダー…小さじ2
塩…ひとつまみ

1. ヨーグルト，ミルク，オートミールを混ぜ合わせ，約10分寝かせておく。
2. 卵を泡立て，バニラエッセンスと植物油を加える。
3. 小麦粉にブラウンシュガー，ベーキングパウダー，ベーキングソーダ，塩を加えて混ぜる。
4. 1～3をよく混ぜ合わせる。
5. テフロン加工のフライパンを熱し，バター少量を塗る。
6. 4の生地を80*ml*ほどスプーンですくってフライパンに注ぎ，ていねいに広げる。
7. 生地の表面に小さな泡ができ，周囲に焦げ目がついたら生地を裏返し，しばらく焼いてから取り出して皿に載せる。すべて作り終えるまで，前に作ったパンケーキが冷めないよう気をつけること。パンケーキシロップまたはメープルシロップをかけて供する。

………………………………………………

◉ふたつの材料だけで作るヨーグルト生地

準備時間：10分
調理時間：10～15分（この生地で何を作るかにより異なる）

生地をこねることは，人生で最も楽しい手作業のひとつだ。この特別な楽しみを取り上げるつもりは毛頭ないが，とき

には材料と手作業をできるだけ減らし，手早く簡単に生地を作りたいと思うこともあるだろう。これから紹介するのは，まさにそんなときのためのレシピ。全脂肪のギリシャヨーグルトを使うことで濃厚さと酸味が加わり，生地をふっくらさせる。これにベーキングパウダー入り小麦粉を組み合わせれば，さまざまな料理の生地を簡単に作ることができるのだ。丸めてピザ生地にしてもよし，丸パンやスティックパンにしてもよし，熱したフライパンで焼いてふわふわのナンを作ってもよし。きっとキッチンの強い味方になるだろう。

（4～6人分）

ベーキングパウダー入り小麦粉…280*g*。もしなければ，自分で作ることもできる。小麦粉230*g*に，ベーキングパウダー小さじ½，塩小さじ½を加えてよく混ぜるだけだ。

プレーンタイプのギリシャヨーグルト（全脂肪または低脂肪）…240*ml*

1. オーブンを220℃に予熱しておく。
2. ふたつの材料をスタンドミキサーに入れ，ヘラ型またはフック型の部品でよく混ぜる。
3. 生地がまとまり始めたらミキサーから取り出し，軽く打ち粉をした板の上で約5分間こねる。生地がぱさついてきたら少量の水を，逆に水気が多い場合は小麦粉を少し足す。

ミキサーの代わりにフードプロセッサーを使ってもいいし，機械は使わずにボウルに入れて手でこねてもいい。手でこねる場合の目安は約8分間。寝かせる必要はなく，すぐに調理できる。

[この生地でスティックパンを作る場合]

4. 生地を4等分し，それぞれをまた半分にする。
5. 軽く打ち粉をした板の上で20*cm*ほどの棒状に伸ばし，クッキングシートを敷くか軽く油を塗った天板に並べる。
6. 5にオリーブオイルを刷毛で薄く塗り，細かくきざんだドライハーブか海塩で味つけする。
7. 220℃のオーブンで10～14分ほど焼く。焼きたてを供する。

[この生地でナンをつくる場合]

8. テフロン加工のフライパンを熱し，全体にオリーブオイルを薄く塗る。
9. 生地を4等分して直径約15*cm*の円形にする。
10. 1枚ずつフライパンに入れ，1，2分焼いたら裏返してまた1，2分焼く。
11. 焼きあがったらチーズやハーブ，塩などをふりかけてすぐに供する。

生地をすぐに焼かない場合は油を薄く塗ったビニールで包み，2日ほど冷蔵庫で保存できる。

…………………………………………

◉チキンビリヤニ

パエリアがスペイン料理の代表なら，インド料理の代表はビリヤニだ。繊細な香りを放つバスマティ米に体を温めるスパイスを加え，さまざまなタンパク源と野菜を混ぜ合わせて作る。ヨーグルトは肉を漬けこんでマリネにするのに使い，ビリヤニをビロードのようになめらかに仕上げる。好みに応じてスパイスの量を加減し，この伝統的な人気料理を自分流にアレンジするのも楽しそうだ。

準備時間：20分
マリネする時間：1時間〜一晩
調理時間：約1時間
4人分

[マリネ用]
植物油…大さじ2
きざんだコリアンダーの葉…230*g*
きざんだミントの葉…115*g*
ニンニク…6片
すりおろしたショウガ…小さじ2
ターメリック…小さじ ¼
シナモンパウダー…小さじ ¼
カイエンヌ…小さじ ½(辛口の人はもっと入れてもいい)
カルダモンパウダー…小さじ1
ガラムマサラ…大さじ1
クミン…大さじ1
コリアンダーパウダー…小さじ2
パプリカ…大さじ2
塩…小さじ1〜2
プレーンヨーグルト…240*ml*
水…120*ml*
骨なしの鶏もも肉（皮つきでも皮なしでも可）…750*g*〜1*kg*

[ライス用]
水…2.8リットル
自然塩…大さじ2
クローブ…12個
乾燥ローリエ…5枚
カルダモンのさや…8枚
シナモンスティック…1本
バスマティ米…510*g*

[タマネギの炒め物用]
黄タマネギ…中サイズ2個を薄くスライスしたもの
中性油（コーン油や植物油など）…240*ml*

[ビリヤニ用]
溶かしたギー（澄ましバター）…120*ml*
電子レンジで温めた米のとぎ汁…120*ml*
糸状のサフラン…たっぷりひとつまみ

[マリネを作る]

1. ナイフカッターつきのフードプロセッサーの容器に鶏肉以外のすべての材料を入れ，ペースト状になるまで混ぜる。
2. 容器から取り出し，マリネ用の入れ物に移す。
3. 2と水を混ぜる。
4. 分量の2分の1は別に取り分けておき，残りの2分の1に鶏肉を加えてしっか

りと絡ませる。1時間ほどなら冷蔵庫に入れなくても大丈夫だが，それ以上（最長で一晩）漬けておく場合は冷蔵庫に入れ，調理する30分前に取り出しておく。鶏肉をマリネしている間に，残りの材料の準備をする。

[米を調理する]

5. 水を沸騰させ，自然塩，クローブ，ローリエ，カルダモンのさや，シナモンスティックを入れる。
6. 5に米を加え，ふたをせずに約5分間煮る。この時点ではまだ米に火が完全には通っていない。
7. ローリエとシナモンスティックを取り出し，水気を切る（煮汁は120*ml*取っておく）。クローブとカルダモンのさやは好みで残しておいてもいい。米はビリヤニを作る前日に調理し，冷蔵庫に保存しておくこともできる。その場合は当日室温に戻してから再度火を通す。取っておいた煮汁も同様に冷蔵しておく。

[タマネギを炒める]

8. 浅めの大きな鍋で油を熱し，タマネギを加えて中火でよく炒める。薄いキツネ色になってカリッとしてきたらペーパータオルを敷いた皿に取り出し，保存しておく。大きなフライパンがない場合は，分量を小分けにして炒めてもいい。

[ビリヤニを作る]

9. ギーまたはバターを溶かしておく。糸状のサフランをゆでて抽出液を作り，その間にビリヤニの調理に取りかかる。
10. 深めの大きなフライパンに7の米の半量を入れる。その上にマリネした鶏肉の半分を載せ，取っておいたマリネ液と溶かしたギーまたはバターそれぞれ半量をかけ，カリカリに炒めたタマネギの3分の1を散らす。
11. 10の上に残りの米，鶏肉，マリネ液，ギーを重ね，タマネギをまた3分の1だけ散らす。
12. 11全体にサフラン水を注ぎ，ふたをして弱火で蒸す。米がやわらかくなり，鶏肉に火が通るまで40分ほどかかる。
13. 12に残りのタマネギ3分の1を散らせて完成。

....

◉ライタ

手軽に作れるライタは，鶏肉やラム肉，野菜などあらゆるものによく合う万能調味料だ。

準備時間：10分
分量：475*ml*（2カップ）

皮をむいてさいの目に切った種なしのキュウリ…中サイズ1本（普通のキュウリを使う場合は，皮をむいて縦半分に切り，スプーンで種をすくい取ってからさいの目に切る）

全乳プレーンヨーグルト…470*ml*
自然塩…小さじ ½
カイエンヌ，クミン，コリアンダーのいずれかのパウダー，または3つを混ぜ合わせたもの…小さじ1
すりおろしたニンニク…1片
みじん切りにしたフレッシュミントの葉またはコリアンダー…大さじ2

キュウリを漉し器に入れ，自然塩を振りかけて水抜きする。その後，すすいでから水気をよく切る。ヨーグルトにキュウリを加え，残りの材料を混ぜたら冷やして味をなじませる。2日ほど保存できるが，時間が経つと少し水っぽくなるので，食べる前にかき混ぜたほうがいい。

………………………………………………

◉シュリカンド

たった3つの材料で作れる，甘くておいしいインドのデザート。ここではさらに糸状のサフランとピスタチオを加えて，華やかな風味を演出した。

水切りする時間：8～24時間
実際の作業時間：10分
量：600*ml*

全乳のギリシャヨーグルト（プレーン）…470*ml*
温めたミルク…大さじ1
糸状のサフラン…小さじ ½
アイシングシュガー…170*g*
塩漬けピスタチオ…115*g*（粗くきざんだもの）
カルダモンパウダー…少々

1. より濃厚な味にするため，ヨーグルトを包んだモスリンの四隅を合わせて袋状にし，輪ゴムか結束バンドで留める。輪ゴム（または結束バンド）に鉛筆やフックを通し，漉し器を載せたボウルの上に袋を吊して水切りをする。
2. 1のヨーグルトを冷蔵庫に入れ，8時間以上24時間以内で乳清を完全に分離させる。
3. 袋を開け，乳清を除去したヨーグルトを清潔なボウルに移す。
4. 温かいミルクにサフランを入れて溶かし，約10分蒸らす。
5. 4に残りの材料も加え，ヨーグルトに注いで混ぜる。
6. 5にラップをかけて冷やす。

食べる前にきざんだナッツやドライフルーツを散らしてもいい。ふたをして冷蔵庫に入れておけば，3日間は新鮮な状態で保存できる。

………………………………………………

◉スズメヨーグルト・タトゥルス（トルコ風セモリナヨーグルトケーキのレモンシロップ添え）

ジェニファー・アバディ公式サイト（www.JenniferAbadi.com）より。

準備時間：1時間15分
調理時間：約1時間
12人分

[シロップ用]
冷水…470*ml*
砂糖…680*g*
搾りたてのレモン果汁を漉したもの…大さじ3

[ケーキ用]
卵…大8個。卵黄と卵白に分けておく
砂糖…115*g*
レモンの皮…小さじ3
セモリナ粉…230*g*
中力粉…170*g*
ベーキングパウダー…小さじ3
スズメ・ヨーグルト（水切りしたトルコヨーグルト）…375*ml* またはラブネー（水切りした中東のヨーグルト）
塩…ひとつまみ

[飾り用]
細かく砕いたピスタチオナッツ…60*g*
スズメ・ヨーグルトまたはラブネー…240*ml*。全乳ヨーグルトとサワークリームを120*ml* ずつ混ぜたものでも代用できる。

1. 25×33×5*cm*の天板に軽く油を塗って打ち粉をし，使うときまで冷蔵庫に入れておく。
2. オーブンを180℃に予熱する。

[シロップの準備]
3. 中サイズの鍋に水と砂糖を入れ，強火で3分間沸騰させる。
4. 火を弱め，ふたをせずに約25分間煮たら火から下ろす。レモン果汁を加えて混ぜ，室温まで冷ます。

[ケーキの準備]
5. 大きなボウルに卵黄，砂糖，レモンの皮を入れ，軽く泡立つまで混ぜる。
6. セモリナ，小麦粉，ベーキングパウダー，最後にヨーグルトを5にゆっくりと混ぜ入れ，よくなじませる。
7. 電気ミキサーか泡だて器，ハンドミキサーなどで卵白をぴんとツノが立つまで泡立て，6にゆっくりと加える。
8. 1の天板に生地を流しこみ，均一に伸ばす。オーブンの中段で25～30分，または薄いキツネ色になり中心部をさわって弾力が出てくるまで焼く。

[飾りつけ]
9. 8をオーブンから取り出し，シロップをかけてピスタチオを散らす。
10. 9を室温で30分ほど冷ます。その後正方形12個に切り分け，常温で供する。その際，スズメ・ヨーグルト，ラブネー，またはヨーグルトとサワークリームを混ぜたものをスプーン1杯分載せる。

…………………………………………

◉ヨーグルト・セミフレッド（半解凍デザート），モモのコンポートとショート

ブレッドクランブルを添えて

私は幸運にも，この甘美なデザートをジェフ・ローズと一緒に作る機会を得た。ジェフはテネシー州ウォーランドにある有名なレストラン「ブラックベリーファーム」の名シェフ，農場経営者，そして料理講師でもある。セミフレッドは見た目は凝っているが準備は簡単で，暑い夏の日にぴったりのデザートだ。しかも今回は，牧草で飼育されている彼のヒツジたちを眺めながら調理するという楽しいおまけつき。私もジェフも，その羊乳で作った濃厚なヨーグルトを心ゆくまで堪能した。

準備時間：約1時間（材料を冷やしたり寝かせたりする時間もすべて含む）
10～12人分

[セミフレッド用]
乳脂肪分40％前後のクリーム…600*ml*
新鮮なレモンバーベナまたはバジルの小枝…3～4本
卵白…180*ml*（卵6～7個分）
砂糖…340*g*
プレーンタイプのギリシャヨーグルト…350*ml*

[ペカンショートブレッドクランブル用]
中力粉…230*g*
ブラウンシュガー…115*g*
室温に戻したバター…60*g*
ローストしたペカンナッツ…60*g*
ローストしたココナッツ…60*g*
塩…ひとつまみ

[モモのコンポート用]
砂糖…450*g*
水…450*g*
バニラビーンズ…1本
新鮮なイチジクの葉またはモモの葉…3～4枚
モモ…4等分したもの5個
イチジク…4等分したもの5個

[セミフレッドの作り方]
1. 鍋にクリームを入れて弱火でゆっくりと煮立てる。
2. レモンバーベナまたはバジルを入れ，火から下ろして30分～1時間ほど蒸らす。
3. レモンバーベナ（バジル）を取り出し，クリームを冷蔵庫で冷やす。
4. 完全に冷えたら，ぴんとツノが立つまでホイップする。
5. 鍋で水を沸かし，沸騰したら火を弱める。
6. 砂糖と卵白をボウルに入れ，5で湯せんする。ときどき泡立てながら70℃まで加熱する。（砂糖が完全に溶けるまで）。
7. ワイヤーホイップを取りつけた電動ミキサーのボウルに6を注ぎ，ボウルの底が室温になるまで泡立てる。硬く艶のある，マシュマロクリームのようなメレンゲになるはずだ。

8. ギリシャヨーグルトをメレンゲにゆっくりと混ぜ入れる。
9. 8に4を2回に分けて加え，ダマにならないように素早く混ぜる。
10. 9をセミフレッドの型または好きな容器に入れる（おばあちゃんが使っていた紅茶カップなどもすてきだ）。冷凍庫で1時間以上，またはほぼ凍るまで冷やす。

[クランブルの作り方]
11. ペカンとココナッツを190℃のオーブンで約5～6分，香りが出るまでローストしてから冷ましておく。
12. 砂糖，塩，小麦粉を合わせ，バターをゆっくりと混ぜこむ。
13. ペカンを粗くきざむか砕いて12に加える。190℃のオーブンで6～8分，または生地の水分が飛んで底面が軽くキツネ色になるまで焼く。
14. 冷めたら手でほぐし，食べるまで密閉容器で保存する。

[モモのコンポート]
15. 砂糖と水をよく混ぜて火にかける。沸騰したら火を止め，バニラビーンズとイチジクまたはモモの葉を加える。
16. 4等分した桃とイチジクを15に入れる。余熱で10～15分ほど温める。
17. 葉を取り除く。（バニラビーンズはきれいに洗い，再利用できる）。

セミフレッドの周りに温かいモモとイチジク，ペカンクランブルを盛りつける。残ったシロップは保存し，紅茶やワッフルの甘味料として使用する。

美容パック

インド出身のリマ・ソーニは世界的に有名な美容専門家で，『自然を取り入れてきれいになろう *Simply Beautiful*』の著者でもある。今回，リマはヨーグルトを美容に取り入れる方法をいくつか紹介してくれた。

◉フェイシャルパック

ヨーグルト小さじ1，パパイヤ小さじ1，ハチミツ小さじ ½ に，米粉大さじ1を加えて混ぜる。これを顔に塗り，30分後に洗い流した後冷水ですすぐ。このパックには肌をやわらかくなめらかに，また明るくする効果がある。健康的で若々しい輝きを得るには，週3回行うといいとのこと。

◉ヘアパック

ヨーグルト大さじ2，バナナ1本，ハチミツ大さじ1をミキサーにかけてなめらかにする。これを髪と頭皮にもみこむように伸ばす。30分経ったら洗い流し，その後シャンプーする。このパックはコンディショニング効果が高く，髪にツヤ

とコシが出るという。健康で艶やかな髪を保つため，週2回のケアが理想的だ。

完璧な組み合わせ

ベーコンと卵，ライスとビーンズのように，食べ物には相性がよく互いの味を高め合う組み合わせがある。ヨーグルトも，個性のある面白い味とうまく組み合わせればおいしさが増すはずだ。お薦めの組み合わせをいくつか紹介しよう。

・ヨーグルト＋種子＝歯ごたえと満足感のあるスナック。

チアシード，パンプキンシード，ヘンプシード，アマニシードなどを振りかけ，ヘルシーなおやつを楽しもう。

・ヨーグルト＋きざんだハーブ＝風味豊かなディップ。

ミントやコリアンダーなどの独特の香りをヨーグルトがまろやかに包み，野菜やピタ，チップスにぴったりのディップになる。

・ヨーグルト＋スパイス＝ひと味違う調味料。

辛いものからナッツ系のものまで，どんなスパイスでもヨーグルトに混ぜればひと味違う風味になる。クミン，コリアンダー，シナモン，パプリカなどをひとつまみ入れてご賞味あれ。

・ヨーグルト＋柑橘類＝酸味が効いた味わい。

レモン，ライム，ブラッドオレンジなどの皮をむき，その果汁をヨーグルトに搾り入れれば魚，野菜，ラム肉，鶏肉などのトッピングにぴったりだ。

・ヨーグルト＋ナッツ類＝タンパク質たっぷりの食べ物。

アーモンドパウダーやピスタチオパウダー，細かくきざんだココナッツ，トレイルミックス［ドライフルーツやナッツなどを混ぜたもの］は，ヨーグルトの絹のような食感にほどよい歯ごたえを加える。

・ヨーグルト＋フルーツ＝王道の組み合わせ。

シンプルだからといって，試す価値がないわけではない。ラズベリーやアサイー，すりおろしたリンゴやブドウなど，大半のベリーや果物はヨーグルトの味を引き立ててくれる。ジャムを足したりコンポートにした果物を混ぜたりすれば，少し贅沢なデザートの完成だ。

・ヨーグルト＋甘味料＝甘美なデザート。

メープルシロップやナツメヤシシロップ，アガベシロップ，ハチミツなどをかけると，ヨーグルトの酸味との絶妙なバランスが楽しめる。

・ヨーグルト＋天然のエキス＝無限の可能性。

純粋なバニラエッセンスやアーモンドエッセンスを数滴垂らすと，ヨーグルトは最高においしい低カロリー食品に変身する。

・ヨーグルト＋野菜＝栄養の宝庫。
新鮮なニンジンやビーツ，キュウリやダイコンをすりおろしてヨーグルトに混ぜれば，肉料理や鶏肉料理にぴったりのつけ合わせになる。

・ヨーグルト＋アルコール＝大人のデザート。
ヨーグルトにマスティハやグラッパ，スロージンなどを振りかければ，シンプルな一品に大人の味が加わる。

ヨーグルトにはかきまぜたり，凍らせたり，温めたり，他の食材と混ぜたりとさまざまな調理法がある。好みに合わせていろんなやり方を試し，ぜひ食生活に取り入れてほしい。

7月22日にアクセス。

第8章　自家製ヨーグルトの作り方

1　Ralph Waldo Emerson, 'Education', in *The Works of Ralph Walso Emerson* [1909], vol. X, available at https://oll.libertyfund.org に2020年7月8日にアクセス。

2　Claudia Roden, *The New Book of Middle Eastern Food* (New York, 2000), p. 109.

終章　ヨーグルト万歳！

1　See '"In Defense of Food" Author Offers Advice for Health', www.npr.org, 1 January 2008.

A Comparison of Naturally Occurring and Synthetic Substances (Washington, DC, 1996).
4 Robin McKie, 'Newly Knighted Cancer Scientist Mel Greaves Explains Why a Cocktail of Microbes Could Give Protection Against Disease', www.theguardian.com, 30 December 2018.
5 J. R. Buendia et al., 'Regular Yogurt Intake and Risk of Cardiovascular Disease Among Hypertensive Adults', *American Journal of Hypertension*, XXXI/5 (13 April 2018).
6 M. Chen et al., 'Dairy Consumption and Risk of Type 2 Diabetes: 3 Cohorts of U.S. adults and an Updated Meta-analysis', *BMC Med*, XII/215 (November 2014).
7 See www.yogurtinnutrition.com/how-might-yogurtinfluence- weight-and-body-fat, に2020年7月8日にアクセス。
8 'The Brain-gut Connection', www.hopkinsmedicine.org, に2020年8月21日にアクセス。
9 Rachel Champeau, 'Changing Gut Bacteria through Diet Affects Brain Function, UCLA Study Shows', www.newsroom.ucla.edu, 28 May 2013.
10 Didier Chapelot and Flore Payen, 'Comparison of the Effects of a Liquid Yogurt and Chocolate Bars on Satiety: A Multidimensional Approach', *British Journal of Nutrition* (March 2010).
11 April Daniels Hussar, 'Study: Yogurt Makes Mice Slimmer, Sexier . . . What About Humans?', www.self.com, 8 May 2012.
12 Sgaron M. Donovan and Olivier Goulet, 'Introduction to the Sixth Global Summit on the Health Effects of Yogurt: Yogurt, More than the Sum of its Parts', *Advances in Nutrition*, X/5 (September 2019).

第7章　世界のヨーグルト事情

1 Madhvi Ramani, 'The Country that Brought Yoghurt to the World', www.bbc.co.uk, 11 January 2018.
2 See 'Beijing Yoghurt Recipe - Sweet and Tart Drinkable Yoghurt', https://foodisafourletterword.com に2020年7月8日にアクセス。
3 Maria Yotova, 'From Bulgaria to East Asia, the Making of Japan's Yoghurt Culture', *The Conversation*, 30 January 2020.
4 Edith Salminen, 'There Will Be Slime', https:// nordicfoodlab.wordpress.com に

2 See Luba Vikhanski, *Immunity: How Elie Metchnikoff Changed the Course of Modern Medicine* (Chicago, IL, 2016), ebook.
3 同前.
4 John Harvey Kellogg, Autointoxication [1919] (Arvada, CO, 2006), p. 313.

第4章　ヨーグルトの市場進出

1 See Luba Vikhanski, *Immunity: How Elie Metchnikoff Changed the Course of Modern Medicine* (Chicago, IL, 2016), ebook.
2 View the advert and read the transcript at www.englishecho. com/yoghurt, に2020年7月8日にアクセス。
3 'Southland's Yogurt War', *Los Angeles Times*, 21 January 1980.
4 Stephen Logue, 'History of Ski', 18 August 2016, available at https://static1. squarespace.com.

第5章　多様なヨーグルト製品

1 Dariush Mozaffarian et al., 'Serial Measures of Circulating Biomarkers of Dairy fat and Total Cause-specific Mortality in Older Adults: The Cardiovascular Health Study', *American Journal of Clinical Nutrition* (2018).
2 See the FAQs section at https://ithacamilk.com に2020年7月1日にアクセス。
3 Nicki Briggs quoted in Elaine Watson, 'Lavva Bets Big on the Pili Nut to Stand Out in the Plant-based Yoghurt Category', www.foodnavigator-usa.com, 31 January 2018.
4 Sarah Von Alt, 'Chobani Announces New Line of Vegan Yogurt Made From Coconut', https://chooseveg.com, 10 January 2019; 'Non-dairy Yoghurt Market Poised to Register 4.9% CAGR through 2027, Globally', www.globenewswire.com, 9 April 2018.

第6章　ヨーグルトと腸のおいしい関係

1 Simin Nikbin Meydani and Woel-Kyu Ha, 'Immunologic Effects of Yogurt', *American Journal of Clinical Nutrition*, LXXI/4 (April 2000), pp. 861-72.
2 B. W. Bolling et al., 'Low-fat Yogurt Consumption Reduces Chronic Inflammation and Inhibits Markers of Endotoxin Exposure in Healthy Women: A Randomized Controlled Trial', *British Journal of Nutrition* (2017).
3 National Research Council, *Carcinogens and Anticarcinogens in the Human Diet:*

注

序章　先史時代から愛され続けた食べ物

1　Yogurt in Nutrition Initiative, 'Yogurt for Health, 10 evidence based conclusions' (2018), p. 11 (author's note, Yogurt in Nutrition Initiative-YINI, is a collaboration between Danone Institute International and American Society for Nutrition).

2　Sreya Biswas, 'Yoghurt and the Functional Food Revolution', BBC News, 6 December 2010.

第１章　ヨーグルトの起源

1　Mark Thomas cited in Adam Maskevich, 'Food History and Culture, We Didn't Build this City on Rock 'n' Roll, It was Yogurt', *NPR The Salt* (16 July 2015).

2　Universität Mainz, 'Spread of Farming and Origin of Lactose Persistence in Neolithic Age', www.sciencedaily. com, 28 August 2013.

3　J. Dunne et al., 'First Dairying in Green Saharan Africa in the Fifth Millennium BC', Nature, CDLXXXVI (2012), pp. 390-94.

4　Andrew Curry, 'Archaeology: The Milk Revolution', www.nature.com, 31 July 2013.

5　See 'Feeding Stonehenge: What Was On the Menu for Stonehenge's Builders, 2500 BC', UCL News, www.ucl.ac.uk/news, 13 October 2015.

6　Susanna Hoffman, The Olive and the Caper: Adventures in Greek Cooking (New York, 2004), p. 471.

第２章　聖なる食べ物　　信仰とヨーグルト

1　Floyd Cardoz cited in '3 Chefs Talk Diwali and the Tradition of Indulging in Sweets', https://guide.michelin. com, 7 November 2018.

第３章　微生物の偉大な力

1　Luba Vikhanski, *Immunity: How Elie Metchnikoff Changed the Course of Modern Medicine* (Chicago, IL, 2016), ebook, cited in Luba Vikhanski, 'The Man Who Blamed Aging on His Intestines', https://nautil.us, 19 May 2016.

ジューン・ハーシュ（June Hersh）
作家，フード・アーキビスト。ホロコーストの生存者100人以上とその親族にインタビューし，家族のレシピを紹介した『*Recipes Remembered: A Celebration of Survival*』を2011年に出版。その後本書を含め3冊の著作を出版。ニューヨーク在住。

富原まさ江（とみはら・まさえ）
出版翻訳者。『目覚めの季節～エイミーとイザベル』（DHC）でデビュー。小説・エッセイ・映画・音楽関連など幅広いジャンルの翻訳を手がけている。訳書に『桜の文化誌』『図説 デザートの歴史』『ベリーの歴史』『トリュフの歴史』（原書房），『ノーラン・ヴァリエーションズ：クリストファー・ノーランの映画術』（玄光社），『サフラジェット：平等を求めてたたかった女性たち』（合同出版）など。

Yoghurt: A Global History by June Hersh
was first published by Reaktion Books, London, UK, 2021 in the Edible series.

「食」の図書館

ヨーグルトの歴史

●

2021 年 *9* 月 *24* 日　第 *1* 刷

著者……………ジューン・ハーシュ

訳者……………富原まさ江

装幀……………佐々木正見

発行者……………成瀬雅人

発行所……………株式会社原書房

〒160-0022 東京都新宿区新宿 1-25-13

電話・代表 03(3354)0685

振替・00150-6-151594

http://www.harashobo.co.jp

印刷……………新灯印刷株式会社

製本……………東京美術紙工協業組合

ISBN 978-4-562-05945-4, Printed in Japan